1

2

¿VIVIMOS UNA REALIDAD VIRTUAL?

Guillermo Serrano de Entrambasaguas

¿VIVIMOS UNA REALIDAD VIRTUAL?

El control central que gobierna las leyes del Universo

Índice

Introducción

¿Vivimos una realidad virtual? Hay muchos indicios de que nuestro mundo puede ser realidad virtual.

Con los juegos de realidad virtual que hoy en día se ofrecen en el mercado, puedes sumergirte en un mundo simulado sintiendo tu experiencia increíblemente real con un sentido absoluto de presencia.

Dentro de 2 o 3 décadas, cuando los ordenadores cuánticos, que ya se vislumbran, hayan multiplicado la capacidad de cálculo por miles de millones, será posible simular todo el Universo. Los "avatares" podrán ser conscientes e interactuar en su mundo virtual como lo hacemos nosotros los humanos en nuestro mundo real actual.

Y si somos capaces de crear un universo simulado "aguas abajo", cabe pensar que nuestro mundo sea una simulación hecha "aguas arriba" por un "creador" de nivel superior.

Y si el mundo en el que vivimos fuera un mundo virtual tendríamos la percepción de tener una realidad física, aunque fuéramos avatares inteligentes de un "juego" de realidad virtual procesado por un supercomputador.

Este escenario está siendo contemplado como posible por muchos científicos, filósofos y líderes empresariales que tienen información de las fronteras más avanzadas de la Ciencia y consideran que es una conjetura que hay que considerar.

En el libro se ofrece una visión, de fácil lectura, de cuál es nuestra posición en el Universo y cuál es nuestra razón de ser. Cuáles son las principales teorías "frontera" del mundo de la Ciencia y cuáles son los indicios que pueden sugerirnos que vivimos una realidad virtual.

El eslabón de mayor dificultad para simular el mundo es sin duda la creación de "avatares" que puedan aprender como lo hacemos los humanos y que tengan consciencia y puedan vivir libremente su propia realidad.

Se apunta como mayor obstáculo el misterio todavía sin descifrar de qué es la Consciencia y hasta qué punto es parte de la Mente y producto del Cerebro. La tecnología actual de internet, wifi, ...etc., hace suponer que los cerebros también se comunican y que la Mente de una persona puede tener acceso a una información adicional a la que contiene el Cerebro.

La conjetura de que vivimos en un mundo virtual tiene su lógica y es compatible con la ciencia y con la física, y merece ser estudiada. No hay duda de que hay un control central que gobierna las leyes del Universo y que tiene que haber un "creador".

Aquí se abre el debate del más allá, de nuestra razón de ser, de la búsqueda del creador, de la existencia de diversos universos y de otras inquietudes sobre las que el libro ayuda a pensar.

¿Vivimos una realidad virtual?

En una nota dirigida a sus clientes, fechada el 8 de septiembre de 2016, *Bank of America Merrill Lynch* informó sobre un debate que tuvo lugar en abril de 2016 en el Museo Americano de Historia Natural afirmando que muchos científicos, filósofos y líderes empresariales creen que hay entre un 20% y un 50% de probabilidad de que estemos viviendo en *Matrix* y nuestras experiencias sean meras simulaciones.

El debate en sí no tiene más relevancia que muchas otras manifestaciones que cada vez más se producen sobre esta materia, pero lo verdaderamente notable es que un banco de inversiones importante como es *Bank of America Merrill Lynch* envíe una nota a sus clientes sobre el particular. Hay muchas otras cosas que ocurren por el mundo, que son también de impacto, que no merecen la misma consideración. Y se da la circunstancia de que ya hay indicios que invitan a analizar seriamente esta posibilidad.

En el debate argumentaban que estamos acercándonos a realizar simulaciones en tres dimensiones en las que millones de personas puedan participar simultáneamente y que es concebible que con los avances en inteligencia artificial, realidad virtual y potencia de computación, miembros de civilizaciones futuras podrían haber decidido hacer una simulación de sus antepasados.

Resaltaban que podemos estar o no en *Matrix*, y, que si no estamos, no podríamos crear *Matrix* porque si fuera viable lo habríamos creado ya y ahora estaríamos dentro. Esa es también la visión de Nick Bostrom, doctor en Filosofía de la Ciencia por la *London School of Economics*, Profesor de Filosofía de la Universidad de Oxford y Director del *Future of Humanity Institute*. Es uno de los científicos que más ha publicado sobre la conjetura de que nuestro mundo sea una realidad virtual.

Indica Bostrom que la mente humana podría alojarse, en un futuro próximo, en un ordenador que operara una realidad virtual e interactuar con ella, y que incluso es probable que seamos ya parte de una simulación y estemos viviendo una realidad virtual construida por una civilización avanzada. Esta posibilidad, parece hoy difícilmente alcanzable, pero no en vano hay iniciativas importantes, como el *Human Brain Project* de la Comunidad Europea, que más adelante comentaremos, que trabajan en cómo hacerlo posible.

Según indica Bostrom en su ensayo "*Are you living in a Simulation*", publicado en 2003 en el diario académico *Philosophical Quareterly*, si fuéramos mentes simuladas, no podríamos asegurar que no vivimos una simulación. Bostrom considera que hay tres escenarios: 1) que nuestra especie se extingue antes del posthumanismo, 2) que hay una existencia posthumana que no ha simulado su evolución histórica, y 3) que vivimos ya en una simulación.

El Astrofísico Neil de Grasse Tyson, Director del Planetario Hayden en el Centro Rose para la Tierra y el Espacio, investigador asociado en el Departamento de Astrofísica del Museo Estadounidense de Historia Natural, apunta también que es imposible probar que no vivimos una simulación. En el *Isaac Asimov Memorial Debate*, el 21 de abril 2016 señaló que la mayoría de físicos y filósofos están de acuerdo que es imposible probar que vivimos en un mundo real y no en una simulación. Apuntaba que uno de los principales argumentos de los físicos sobre la hipótesis de simulación es que si podemos probar que podemos simular un universo y averiguar las leyes que lo gobiernan sería probable que nuestro Universo esté actualmente simulado.

Otra personalidad relevante, Elon Musk, físico y emprendedor, co-fundador de *PayPal, SpaceX* y *Tesla* y actualmente Director Ejecutivo de estas dos últimas compañías y Presidente de *Solar City*, intervino el pasado 2 junio de 2016 en la *San Francisco Vox Media's Code Conference* con la afirmación de que es improbable que nuestro mundo sea real.

Indicaba que hace 40 años partimos casi de cero y ahora tenemos simulaciones realistas en tres dimensiones con las que juegan millones de personas a la vez. Y señalaba que llegaremos a no distinguir entre el juego y la realidad. Imaginaba como serán dentro de 10.000 años, lo que no es nada en la evolución.

También apuntaba que "dado que los juegos no se distinguirán de la realidad y que podrán jugarse en cualquier ordenador, y que habrá billones de ordenadores, la probabilidad de que estemos en un mundo real es una entre billones". Y espera que vivamos en una simulación, porque cree que, de lo contrario, la civilización humana dejaría de existir si no llega a crear civilizaciones virtuales indistinguibles de la realidad.

Otro científico notable, Richard J. Terrile, también considera posible que vivamos dentro de una simulación. Terrile es Doctor en Ciencias Planetarias por el Instituto Tecnológico de California y es Director del Centro de Computación Evolutiva y Diseño Automatizado de la NASA. Participó en las misiones de la NASA *Voyager* 1 y 2. Descubrió cuatro lunas alrededor de Saturno, Urano y Neptuno. Es también diseñador de misiones a Marte.

Opina Terrile que dentro de 30 años los "avatares" de juegos de realidad virtual podrán ser inteligentes y tener consciencia propia. Y que con ordenadores suficientemente potentes, podrá crearse una simulación en la que seres conscientes no sepan que forman parte de un programa, como en la película "El show de Truman".

Señala que estaremos entonces cerca de crear un Universo simulado y de "vivir" dentro de esa simulación. Y que nuestros entes simulados podrían a su vez crear simulaciones en cascada "aguas abajo", y si esto puede suceder en el futuro, podríamos estar ya viviendo una simulación hecha por un creador de nivel superior en la que solo se procesa en cada momento lo que necesitamos ver.

Las visiones de estos científicos y de muchos otros, pueden consultarse de forma más extensa a través de internet. No se trata de dar por cierta la posibilidad que apuntan de que nuestro mundo sea una simulación y "vivamos" en un ordenador gigante. Pero sirven para tomar en serio esta posibilidad y constatar que merece que sea estudiada en profundidad por la Ciencia.

La conjetura de que vivimos una realidad virtual, y que el mundo físico es el resultado de un proceso, no es ilógica, ni acientífica ni incompatible con la física. La ciencia no puede de momento llegar demasiado lejos en el estudio de esta conjetura, pero veremos más adelante que si el mundo físico fuera una simulación de realidad virtual, las paradojas y misterios que plantea nuestra visión actual del universo tendrían explicación.

Empezaremos por dar un repaso a nuestra realidad como especie humana según la observamos con los radiotelescopios y los microscopios y según la acepta la ciencia oficial actual, y veremos

14

que hay muchos puntos oscuros que son tan inverosímiles como la idea de un mundo virtual.

Estamos solos en el Universo.

La primera idea que viene a la mente al considerar nuestra situación en el Universo es que somos insignificantes. Se estima hoy en día que hay en nuestro Universo un número aproximado de 800.000 millones de galaxias, una de ellas la nuestra, la Vía Láctea.

En la Vía Láctea se estima que hay unos 100.000 millones de estrellas, una de ellas la nuestra, el Sol, que es más bien una estrella pequeña. Nuestro Sol en el contexto de la Vía Láctea es como una neurona en relación al cerebro humano que está formado también por unos 100.000 millones de neuronas. Si una neurona es insignificante para nuestro cerebro, podemos hacernos la idea de que el Sol es también irrelevante para la galaxia.

Además, nuestro planeta Tierra es muy pequeño comparado con el Sol y con los planetas mayores del sistema solar. Somos como un grano de arena en el desierto. Y eso dejando a un lado que hay teorías que apuntan a que hay múltiples universos,

Dentro de la Vía Láctea, el Sol está en la periferia, muy alejado del centro de la galaxia a unos 29.000 años luz. Dado que la luz tarda 29.000 años en viajar desde nuestro Sol al centro de la galaxia, si nos observaran desde el centro de la Vía Láctea, verían escenas de hace 29.000 años, es decir, estarían viendo al *homo sapiens*.

Estamos por lo tanto muy desconectados y resulta imposible cualquier comunicación efectiva con otras hipotéticas civilizaciones. Además, la constante expansión del Universo va aumentando las distancias entre las galaxias y ya se sabe que llegará un momento en el que desde la Tierra no podrán ya detectarse las

16

demás galaxias. Quedará un escenario en el que el Universo detectable sea tan solo nuestra Vía Láctea, que por cierto, para entonces, se habrá ya fusionado con la galaxia vecina, la Espiral de Andrómeda.

Las incursiones de la especie humana en el Universo, aparte de lo que muestran los radiotelescopios, se reducen a que hemos pisado la Luna y estamos relativamente próximos a pisar Marte, lo que no modifica la afirmación de que estamos desconectados.

En la actualidad hay diversos proyectos encaminados a detectar nuevos planetas extrasolares además de los cerca de 3500 ya censados. El proyecto TESS comenzará en 2017 su tarea en la que se espera detectar 20.000 nuevos exoplanetas orbitando alrededor de estrellas brillantes y cercanas a nosotros.

Para 2018 se espera también la puesta en marcha del nuevo telescopio espacial James Webb y a finales del 2017 se pondrá en marcha el observatorio espacial europeo CHEOPS que tendrá la misión de profundizar en el conocimiento de los exoplanetas ya conocidos. Y hay otros proyectos en desarrollo y habrá muchos más en el futuro.

Estas nuevas iniciativas ofrecerán simplemente muestras de la inmensidad del espacio que nos rodea. Mostrarán la posición de nuevos exoplanetas e incluso evaluarán las posibilidades de que en ellos pudiera haber agua y otros elementos necesarios para que pueda desarrollarse la vida tal como la conocemos.

Sin embargo, este mayor conocimiento de las zonas de la galaxia más próximas a nosotros no cambia la situación de que la vida humana en la Tierra está inevitablemente alejada y desconectada del resto del Universo.

El planeta extrasolar más cercano a la Tierra es Próxima b, que se encuentra a 4,2 años luz, y si enviáramos a su encuentro una sonda espacial del tipo de la sonda *Voyager,* que viaja a 60.000 kilómetros por hora, tardaría en llegar 8.000 años. Es una muestra evidente de que estamos desconectados.

Recientemente se han detectado 7 nuevos exoplanetas, de tamaño similar al de la Tierra, que orbitan alrededor de la estrella enana roja TRAPPIST-1 que tiene un tamaño del 10% del Sol. Tres de estos exoplanetas es probable que tengan agua, y si la tienen podrían eventualmente albergar alguna forma de vida. Pero se encuentran a 39 años luz, 10 veces más lejos que Próxima b, a unos 80.000 años de camino para llegar allí a la velocidad de la sonda *Voyager*, lo que no cambia la situación de incomunicación.

El proyecto denominado SETI (*Search for Extra Territorial Intelligence*), que se puso en marcha hace ya muchos años y que sigue estando operativo, consiste en enviar señales al Cosmos con la esperanza de que supuestas civilizaciones extraterrestres inteligentes detecten nuestra existencia y nos contesten. De vez en cuando detecta señales no conocidas que son debidamente investigadas sin que hasta la fecha se hayan captado muestras inequívocas de vida extraterrestre.

Pero el proyecto SETI es un arma de dos filos porque puede servir tanto para detectar eventuales civilizaciones extraterrestre como para que ellas nos detecten. Y si se tratara de civilizaciones mucho más desarrolladas que la nuestra, nos podrían considerar como objetivo a estudiar y a "manipular", algo así como lo que hacemos nosotros con las especies animales. Tampoco podemos confiar en que tuvieran una ética favorable a nuestra existencia. Es por esto que el proyecto SETI tiene muchos detractores, porque consideran que dar muestras de nuestra existencia sería sumamente peligroso sin tener antes la certeza de que puede descartarse una aproximación hostil de los supuestos alienígenas.

Hoy por hoy parece que nuestra civilización humana está muy sola en el Universo y no tenemos indicios de que existan otros seres inteligentes con los que podamos relacionarnos. Tenemos la percepción de que no existe ninguna otra inteligencia aparte de la del género humano. Los astros se mueven de forma mecánica e inconsciente sin que percibamos que nada ni nadie decida o controle sus movimientos.

La materia y la energía obedecen leyes preestablecidas como por arte de magia y el medio ambiente opera de forma inconsciente. En el mundo microscópico los genes son instrucciones que actúan sin pensar y la propia existencia humana va creciendo en inteligencia por su propia capacidad de metabolizar la experiencia y enriquecer con ello la programación de sus actividades.

Cualquier persona inteligente tiene la percepción de que hay alguien superior que controla el orden universal. También que la vida humana en la Tierra tiene en realidad unas condiciones muy precarias y está rodeada de amenazas.

La vida humana se extinguirá.

La Tierra es un astro incandescente con una corteza de apenas 40 kilómetros de profundidad que de vez en cuando da muestras de su fragilidad. Necesitamos que se mantenga el equilibrio precario existente de oxígeno, temperatura, disponibilidad de agua,....etc., sin el cual dejaríamos de existir.

Una amenaza que está de actualidad es el cambio climático y el efecto invernadero, cuestión que es objeto de amplios debates y que tiene importantes detractores, aunque es un hecho que la temperatura en la superficie del planeta está aumentando y llegará un momento en el que sea demasiado elevada para que siga existiendo la vida.

Una consecuencia directa del calentamiento global es la disminución de oxigeno en los océanos, fenómeno que al parecer ya ocurrió hace 94 millones de años, aunque se ignora cuál fue la causa. Los investigadores del *National Center for Atmospheric Research* (NCAR) afirman que los océanos están en grave riesgo de perder gran parte de su oxígeno y que para fecha tan próxima como el año 2030 muchos organismos marinos no podrán respirar adecuadamente.

Parece ser que el calentamiento global impacta en la cantidad de oxígeno que normalmente hay en los océanos y aunque los niveles de oxígeno en el agua están disminuyendo, no se sabe con certeza si es la única causa de este fenómeno. No obstante parece seguro que el ritmo al que va empeorando el cambio climático producirá mayores pérdidas de oxígeno de forma acelerada.

De hecho hay ya partes de los océanos en las que los organismos no pueden sobrevivir de la misma forma que lo hacían. Algunos peces se han ubicado más cerca de la superficie, a pesar de haber buscado anteriormente sus presas en las profundidades.

Otra amenaza que en cualquier momento podría materializarse es la erupción de un súper volcán que lanzara emisiones que cubran la Tierra. Produciría un enfriamiento y un deterioro de la atmosfera incompatible con la vida humana. Se apunta al parque de Yellowstone en EEUU o a los volcanes del archipiélago de Filipinas como posibles contingencias de esta naturaleza. Ya tuvimos hace unos años la erupción de un volcán en Islandia con emisiones mucho más intensas de lo habitual que, aunque no produjeron males mayores, dificultaron el tráfico aéreo europeo y mostraron el riesgo potencial que entrañan las erupciones volcánicas.

Yellowstone se asienta en una "piscina" de lava de casi 100 kilómetros de largo con una profundidad de más de 10 kilómetros. Los millones de toneladas de cenizas que el volcán lanzaría al aire aumentarían la temperatura del planeta para enfriarla después por el efecto invernadero hasta producir un invierno nuclear. El cambio en el clima acabaría con la mayor parte de las cosechas, envenenaría acuíferos y destrozaría las obras fabricadas por la raza humana.

Otra amenaza latente es el posible choque de un asteroide con la Tierra, lo que ya ocurrió hace 65 millones de años con el resultado de la extinción de los dinosaurios. En época más reciente, en 1908 en Tunguska (Siberia), hubo una explosión mil veces más potente que la bomba de Hirosima, que los científicos creen se debió al impacto de un meteorito. Arrasó 80 millones de árboles en un área de 2000 metros cuadrados.

Las sondas espaciales están permanentemente explorando nuevos asteroides y observando los ya conocidos y evaluando la posibilidad de que se acerquen peligrosamente a la Tierra. Se están planteando proyectos de actuación para la eventual destrucción de estas posibles amenazas antes de que llegaran a impactar, pero no se conocen todos los asteroides que podrían acercarse peligrosamente y no hay la certeza de que pudieran neutralizarse antes de que produjeran daños irreparables.

Esta amenaza no es tan ocasional como para que ocurra cada mucho tiempo, aunque los asteroides más frecuentes son de tamaño reducido y por consiguiente menos peligrosos. Por ejemplo, el 2 de marzo de 2017, el asteroide 2017EA, de unos tres metros de diámetro, fue detectado seis horas antes de que pasase sobre el océano pacífico a 14.500 Km. de la Tierra.

Otro peligro para la subsistencia de la especie humana es la posibilidad de que se produzca una pandemia viral que no se pudiera controlar. El ébola es una muestra de lo que pudiera ser un proceso de este tipo, aunque afortunadamente parece ya neutralizado. Es cierto que ya ha habido en el mundo anteriores pandemias que fueron superadas, como la viruela, la lepra....etc., pero pueden surgir otras con mayor virulencia. En la actualidad los biólogos están alertando del uso inadecuado de los antibióticos y ya se han detectado casos de infecciones resistentes a todos los antibióticos conocidos.

La parte más siniestra de esta amenaza biológica es que pudiera darse el caso de que fuera provocada voluntariamente como arma de destrucción masiva. Ya se ha utilizado este tipo de armas aunque por el momento solo en pequeña escala. Parece un contrasentido pero a veces se sabe como empiezan las cosas sin saber cómo pueden acabar.

Lo mismo sucede con la energía nuclear, que paradójicamente podría proporcionarnos energía casi infinita si acaba por controlarse la fusión nuclear, pero que por el momento es un arma de destrucción que está ya en poder de muchos países y no todos ellos inspiran la suficiente confianza como para dejar de considerar esta amenaza.

Todas estas amenazas son posibles contingencias indeseadas de las que la especie humana tiene que estar alerta y tratar de poner todos los medios posibles para evitarlas o en su caso contrarrestarlas.

La inteligencia artificial

Hay sin embargo otra amenaza que quizás sea la más próxima y la más contundente, ya que nace del propio desarrollo de nuestra historia sobre la Tierra y más concretamente del desarrollo tecnológico tan imprescindible hoy en día para seguir viviendo. Me refiero al desarrollo de la inteligencia artificial y al hecho de que en los próximos años pueda superar a la inteligencia humana, cosa que pronostican científicos eminentes.

La utilización de robots se está generalizando en la industria, en el transporte, en el hogar....etc., y por el momento no se ha cruzado la frontera de dotar a un robot de un cerebro similar al cerebro humano. Sin embargo hay muchos proyectos que lo están intentando. Sirva como ejemplo el proyecto *Human Brain Project* (HBP) lanzado por la Comunidad Europea como *flag ship project* en 2015 para alojar un cerebro humano en un ordenador y hacerlo funcionar en él como tal. No sabemos hasta donde llegarán, pero la dotación económica inicial fue de 1300 millones de euros, lo que da muestra de la importancia que se concedió al proyecto.

Otra "aproximación" a esa frontera entre lo artificial y lo humano es el desarrollo que está teniendo lugar en Japón, y supongo que en algunos otros países, de fabricar robots de apariencia humana. No se trata de dotarles de demasiada inteligencia sino de adecuarlos específicamente a tareas concretas de servicio y atención al público que pueden programarse por estar muy definidas y tener pocos elementos de incertidumbre. Se apunta a cuidados de enfermos, recepción de viajeros en hoteles,...etc., tareas en las que la atención humana puede replicarse y sin embargo conservar cierto toque "humano".

24

Pero todos estos desarrollos acabaran tarde o temprano en cruzar la frontera. Sucederá una vez que la potencia de los ordenadores crezca tanto que permita capacidades y velocidades de proceso igual o superiores a las del cerebro humano. El ordenador cuántico, que multiplicará la potencia por cifras astronómicas, parece ser que está muy próximo. Falta sin embargo "inventar" como una inteligencia artificial puede capitalizar su experiencia igual que hacemos los seres humanos, y tampoco sabemos hasta qué punto una inteligencia artificial puede llegar a tener consciencia propia.

No obstante, por elevada que sea la capacidad de inteligencia humana y por muy sofisticada que sea su forma de aprender y progresar, el cerebro es al fin y al cabo como un ordenador, ciertamente con un rendimiento excepcional, que procesa un "software" también excepcional, y en principio son características que mientras no se demuestre lo contrario son replicables en el futuro.

El peligro de este proceso es que en un momento dado los robots comiencen su propia evolución con consecuencias devastadoras para el género humano. En un artículo publicado en mayo de 2014 en el periódico *The Independent* Stephen Hawking escribió: "El desarrollo de la inteligencia artificial podría ser el mayor logro humano. Por desgracia, también podría ser el último si no aprendemos a evitar los riesgos". Advirtió que los esfuerzos por crear máquinas inteligentes representan una amenaza para la humanidad.

Después, el 2 de diciembre de 2014, dijo en la BBC que "el desarrollo de una completa inteligencia artificial (IA) podría traducirse en el fin de la raza humana". Para Hawking la inteligencia artificial desarrollada hasta ahora ha probado ser muy útil, pero teme que una versión más elaborada de inteligencia artificial "pueda decidir rediseñarse por cuenta propia e incluso llegar a un nivel superior". "Los humanos, que son seres limitados por su lenta evolución biológica, no podrán competir con las máquinas, y serán superados".

Armas autónomas

El pasado 27 de julio de 2015, con ocasión de la *International Conference on Artificial Intelligence* que tuvo lugar en Buenos Aires, más de 2500 investigadores en robótica propusieron en una carta abierta llegar a un acuerdo a nivel mundial para la prohibición internacional de fabricación de armas autónomas dado que: 1) pueden seleccionar y atacar objetivos sin intervención humana, 2) su despliegue es factible dentro de años, no décadas, 3) son de producción barata, y 4) si alguna potencia las desarrolla su propagación será inevitable.

El mero hecho de que se produjera esa proclama por tan elevado número de expertos, es índice de que la amenaza está cerca. A esta propuesta contestó detalladamente un oficial del ejército de los EEUU apuntando que la aceptación y respeto a un acuerdo global es improbable y por ello la carrera de armamentos puede ser inevitable. Señalaba que un tratado no va a defender de un ataque de drones robóticos o nanomáquinas auto-replicantes.

Las armas autónomas pueden tomar decisiones tácticas en fracciones de segundo, y podrían utilizarse drones autónomos civiles convertidos para uso militar. Los humanos pueden también llegar a fusionarse en el futuro con las máquinas y potencialmente se podría hackear a un ser humano que estuviera dotado de nanomáquinas en su cerebro, incluso sin saberlo, haciendo de él un arma.

En enero de 2017 tuvo lugar una conferencia en Asilomar (California, EEUU), organizada por el *Future of Life Institute*, en la que se acordaron 23 principios que deberán cumplirse en todos los desarrollos de inteligencia artificial para evitar que pongan en peligro la vida humana. Los 23 principios contaron con el apoyo de los 800 asistentes a la conferencia, todos ellos investigadores especializados en inteligencia artificial, entre los que se encontraban Stephen Hawking y Elon Musk.

Con independencia de todas estas amenazas que actualmente tiene la especie humana, la dinámica celestial conduce a que el Sol aumente paulatinamente su luminosidad y su temperatura. Se estima que en 1.100 millones de años, que es tan solo un 8% más de su existencia, la temperatura habrá aumentado el 10% y que para entones se habrá producido la evaporación de los océanos.

Mucho antes habrá aumentado la temperatura en la Tierra hasta límites incompatibles con la vida que se extinguirá cuando se eleve sobre los 150º. Pero mucho antes habrá desaparecido la vida humana en la Tierra. La especie humana basada en la biología del carbono dejará previsiblemente de existir sin haber tenido ningún intercambio de información ni de elementos materiales fuera del sistema solar.

Hay un orden universal

Si somos insignificantes, estamos solos, desconectados, amenazados, y nuestro fin está próximo, tenemos que preguntarnos qué hacemos aquí en la Tierra, cuál es nuestra razón de ser y cuál es nuestro futuro. Es evidente que nos falta conocimiento, empezando porque del Universo del que tenemos noticia solo conocemos un 5%, siendo el resto materia y energía oscuras por el momento desconocidas.

Parece inconcebible que estemos en un pequeño rincón del Universo, con una existencia efímera, y que haya una inmensidad sideral de la que estamos totalmente desconectados sin posibilidad alguna de acceder a ella. No se entiende para que nos sirve todo ese mundo estelar, ni para que le servimos a él, ni cuál es nuestra misión, ni si tenemos que tener alguna.

La inmensidad del Universo sugiere que hay vida extraterrestre, pero no tenemos la menor noticia de ella. Hay numerosos testimonios de objetos volantes no identificados e incluso supuestos contactos, pero no se ha materializado ningún hallazgo concreto que pueda ser explícitamente analizado.

Parece innegable que hay un orden universal que gobierna la materia y la energía y que se manifiesta con constantes universales que son imprescindibles para que exista la vida. En el universo todo encaja a la perfección. Existe lo que debe existir y sus medidas y valores son exactamente los justos y necesarios, y si faltara alguna fuerza fundamental o si su valor variara una millonésima, el Universo no se habría formado.

Este ajuste tan preciso implica que hay un control central. Es evidente que "alguien" ha tenido que preparar todo este proyecto en el que hay un orden que gobierna la materia y la energía con constantes imprescindibles para que exista la vida.

El Principio Antrópico

Muchos científicos opinan que sólo hay vida inteligente en la Tierra e incluso algunos de ellos opinan que el Universo está diseñado exclusivamente para la vida humana, lo que ha dado lugar a formular el Principio Antrópico que es objeto de muchos debates y mucha controversia.

El Principio Antrópico fue propuesto por Brandon Carter en una conferencia ante la Unión Astronómica Internacional en 1974. La idea central de Carter es que el Universo es como es porque el hombre existe, en lo que viene a coincidir de alguna forma con Stephen Hawking quien en su libro "*A Brief History of Time*" indica que "vemos el Universo de la forma que es porque si fuese diferente no estaríamos aquí para observarlo".

Este principio es objeto de amplia controversia porque en lugar de suponer que la vida en la Tierra apareció porque se produjeron condiciones favorables, viene a decir que la existencia de seres inteligentes en la Tierra fue un objetivo, para cuya consecución el Universo se ha formado como es y las leyes físicas son como son.

Hay tres versiones del principio:

El Principio Antrópico Débil indica que los valores de todas las cantidades físicas y cosmológicas no son igualmente probables, sino que están restringidos por el hecho de que deben permitir nuestra existencia como seres humanos y entes biológicos basados en el carbono.

El Principio Antrópico Fuerte dice que el Universo debe tener unas propiedades que permitan a la vida desarrollarse en algún estadio de su historia.

El Principio Antrópico Final indica que debe llegar a existir en el Universo un modo de proceso inteligente de la información y una vez que aparece no desaparecerá.

El astrónomo Fred Hoyle, reflexionando sobre la formación de las estrellas afirmaba que: "una interpretación razonable de los hechos es que una inteligencia superior ha jugado con la física, con la química y con la biología, y que no existen fuerzas ciegas en la Naturaleza".

También el físico relativista John A. Wheeler escribió sobre el Principio Antrópico: "No es únicamente que el hombre esté adaptado al Universo. El Universo está adaptado al hombre. ¿Imagina un universo en el cual una u otra de las constantes físicas fundamentales sin dimensiones se alterase en un pequeño porcentaje en uno u otro sentido? En tal universo el hombre nunca hubiera existido. Este es el punto central del Principio Antrópico. Según este principio, en el centro de toda la maquinaria y diseño del mundo subyace un factor dador de vida".

Todas las discusiones y debates sobre el Principio Antrópico giran en torno al hecho insólito de que la especie humana sea insignificante en el contexto del Universo pero tenga un protagonismo central hasta el punto de que muchos científicos opinen que solo existe en la Tierra.

Todos estos debates refuerzan la idea de que hay un control central, y si hay un control central tendrá que haber también un instrumento de control, con un súper computador, ambas cosas muy compatibles con la idea del mundo virtual.

Estamos desconectados

Como indicábamos, hay científicos que están convencidos de que el Universo se ha construido precisamente a nuestra medida y que no hay nadie inteligente por "ahí fuera". Parece una afirmación excesivamente presuntuosa cuando el Universo se muestra a nuestros telescopios como una inmensidad que rebasa la imaginación. Y siendo el Universo tan inmenso, cabe pensar que tendría que haber muchos otros habitantes extraterrestres aunque no tengamos noticias fehacientes de ellos.

Parece lógico que entre todos los confines del universo haya alguna forma de vida, aunque para nosotros parezca que la vida está limitada al ámbito local de nuestro planeta. Tenemos pocos indicios de la existencia de vida en el cosmos, porque estamos aislados e incomunicados, pero pensamos que seguramente hay vida en otros astros por pura ley de los grandes números.

El Universo es un espacio tan inmenso que no tiene sentido que seamos en él los protagonistas principales, y si lo fuéramos, no tendría sentido que estuviéramos tan desinformados y que difícilmente pudiéramos llegar a entender la realidad, como es el caso.

Las limitaciones que tenemos para conocer la realidad del Universo y nuestra relación con él, parecen insuperables, y en cuanto más avanzamos en conocimiento, mayor consciencia tenemos de lo que desconocemos y más aumenta el reto de investigarlo. Entender la realidad, e influir en ella para modificarla, es el fruto prohibido del "árbol de la ciencia" que obsesiona a los hombres desde los primeros tiempos.

Si tienen razón los científicos que opinan que estamos solos en el Universo, y que el Universo está hecho a nuestra medida, no tiene mucho sentido que tengamos una existencia tan efímera en el tiempo.

Tenemos que encontrar cuales son las razones que nos trajeron al mundo y explicar lo que por el momento nos parece inexplicable, luchando contra el orden natural que nos condena a estar confinados en un pequeño planeta, sin tener apenas información de todo lo que nos rodea.

Hacia la vida artificial

Pudiera pensarse que la humanidad tiene la misión de encontrar soluciones artificiales alternativas a las que nos ha dotado la naturaleza.

Cambiamos el curso de los ríos, talamos los bosques, deterioramos la atmósfera, arrasamos los campos para construir ciudades y autopistas, manipulamos los genes, construimos aviones y naves espaciales, exploramos el espacio exterior,... etc., empeñados en construir una realidad artificial que desafía a la naturaleza que nos ha creado.

Los productos artificiales que creamos, están basados en el conocimiento que extraemos de la observación de elementos naturales. El avión, por ejemplo, empezó haciendo lo mismo que los pájaros, o la cámara de fotos lo mismo que el ojo humano. Pero a partir de nuestro empeño en reproducir artificialmente las cosas naturales, dotamos a las creaciones artificiales de nuevas propiedades que son obra exclusiva de nuestra intervención, sin la que nunca surgirían de forma natural. La rueda, por ejemplo, es un mecanismo que no existe en la naturaleza, aunque en el Universo todo esté siempre girando.

En nuestros días, con los extraordinarios avances en el desarrollo de la inteligencia artificial, este desafío a la naturaleza está tomando un camino que puede llevar a la creación de vida artificial con las consiguientes situaciones críticas futuras para la propia humanidad.

Un equipo dirigido por Floyd Romesberg (*The Scripps Research Institute, La Jolla, California*) consiguió alterar el ADN y transmitir un organismo vivo con información genética modificada. Una bacteria *Escherichia Coli* con nucleótidos sintéticos incorporados fue capaz de crecer y reproducirse con normalidad a pesar de contener dos "letras" no naturales adicionales en su código genético.

La información genética se puede almacenar en polímeros alternativos basados en ácidos nucléicos artificiales (XNA) con capacidad para la evolución darwiniana, ya que la herencia y la evolución no son características únicas del ADN y el ARN. Estos resultados implican que puede haber otras maneras de almacenar la información genética distintas a las que conocemos, tanto en nuestro planeta como en el universo. Esto abre las puertas a la era de la genética sintética y tiene implicaciones para la exobiología, la biotecnología y la comprensión de nosotros mismos.

La nanotecnología está todavía a nivel básico pero la fabricación de nanobots es inminente. Está consiguiendo grandes avances en el diseño, síntesis, manipulación y aplicación de materiales, dispositivos y sistemas en las áreas de la física, química, biología, medicina…etc, a escala nanométrica. El uso de las nuevas propiedades en esa escala proporcionarán implantes artificiales para reparar o suplementar el cuerpo humano. Nanobots artificiales propiamente diseñados podrán introducirse en el flujo sanguíneo y en el cerebro para destruir patógenos, reparar el ADN y alargar la vida.

Quizás podrán diseñarse nanobots que complementen a las neuronas para aumentar la capacidad de los sentidos y proporcionar al sistema nervioso una visión enriquecida de la realidad, incluso con realidad virtual. Proporcionaría un aumento exponencial de la inteligencia no biológica.

Si se acaba produciendo una transición de la inteligencia biológica a la inteligencia basada en el silicio o en nanotubos de carbono, previsiblemente ambas se fusionaran y comenzará a predominar la inteligencia artificial.

Predominio de la biología sintética

La biología sintética puede acabar generando una nueva especie superior a la especie humana. Pero también se trata de un nuevo proceso tecnológico que está lleno de peligros y no podemos aventurar si será viable. Parece que la humanidad no desaprovecha las oportunidades de desafiar a la naturaleza. Quizás sea porque es una razón impuesta por el "creador".

Una considerable dificultad es que los nanobots tendrán que ser auto replicables para ser útiles y un error en la auto replicación puede tener graves consecuencias. Un nanobot patológico, por ejemplo, puede atacar la biomasa de la Tierra y reemplazarla en unas cuantas réplicas en varias semanas.

Los nanobots replicantes serán una amenaza para las especies vivas y para la biosfera que tendrán que defenderse con un sistema inmune que inspeccione y controle las desviaciones indeseables en analogía al papel que tiene la policía en la sociedad. En el sistema inmune las entidades no pueden replicarse sin tener los códigos de replicación, que no se heredan, pero una modificación del diseño podría lograrlo.

En el lado positivo, la nanotecnología y la ingeniería genética propiciarán avances médicos que podrían ser definitivos, incluido el triunfo sobre el envejecimiento y la muerte. Dará también un enorme impulso a la conquista del espacio y a la inteligencia artificial.

Pero los nanobots capaces de replicarse y las máquinas que piensan amenazaran a la especie humana. Tendrán un ciclo evolutivo más rápido que el de los seres humanos y en pocas décadas nos sobrepasarán. La parte no biológica del cerebro será miles de millones de veces más capaz y la consciencia ya no estará ligada a la parte biológica de la inteligencia.

Las entidades no biológicas tendrán el mismo tipo de experiencias que los seres humanos. Tendremos que tratar de convivir con ellos de forma segura y trasmitirles nuestros valores para poder seguir teniendo un futuro.

Según ocurran estos desarrollos tecnológicos, es posible que los seres humanos acabemos siendo "cyborgs" que estemos cada vez más constituidos por dispositivos cibernéticos.

Decadencia de la especie humana.

El desarrollo exponencial de la tecnología de la información producirá que la inteligencia artificial no biológica supere también exponencialmente a la inteligencia biológica y predomine sobre ella. Los humanos estamos limitados por la lenta evolución biológica y no podremos competir con las máquinas que evolucionarán a gran velocidad, por lo que los robots inteligentes podrán acabar dominando a la especie humana.

Por otro lado, pudiera suceder que los proyectos actuales que tratan de alojar la mente humana en un computador incluyendo todo su conocimiento, personalidad, memoria, habilidades,...etc. tengan éxito. Sería una especie de desdoblamiento de identidad sobre el que cabe aventurar que la mente alojada en el computador tuviera muchas menos limitaciones para "vivir" y desarrollarse, siempre que la simulación a la que se incorpora sea un entorno similar al "real".

Tenemos delante de nosotros un escenario que puede ser radicalmente diferente a la realidad que estamos viviendo. Un futuro en el que la inteligencia artificial supera a la inteligencia humana, en un escenario que tiene una enorme posibilidad de ser un mundo virtual.

Un futuro así supone que la especie humana habrá concluido su "misión" en la Tierra, si es que la razón de ser que fijó como objetivo el "creador" hubiera sido dar el relevo a su naturaleza biológica construyendo un mundo "artificial". Habría sido un mandato demasiado cruel, lleno de sufrimientos, en el que la sociedad humana como tal no habría progresado demasiado hacia la conquista colectiva de valores humanos, éticos y morales, que pudieran proporcionar paz de espíritu, felicidad, empatía, honestidad, compasión, amor, bondad, humildad, perdón, sencillez, respeto,....etc.

Se habría extinguido la especie humana sin superar el principal desajuste de nuestro medio que es la miseria y la falta de libertad que sufren la mayoría de las personas del planeta. Los sistemas políticos, económicos, y de gobierno han progresado muy poco, y están diseñados y secuestrados por ambiciones de personas que anteponen al interés común sus propias conveniencias y las de los grupos a los que pertenecen.

En el siglo XXI hay un progreso tecnológico extraordinario que debería asegurar condiciones de vida razonables para todos los seres humanos. Podemos convertir los desiertos en vergeles y producir cuantos alimentos necesitemos, pero, sin embargo, una enorme proporción de seres humanos muere todos los años de hambre, y otro número enorme de ellos sufre vejaciones o vive en la miseria. Hay importantes avances de bienestar social, pero sólo ocurren en zonas delimitadas del mundo, que cada vez se distancian más de las áreas deprimidas.

En contraste con el futuro tecnológico y el escenario de vida "artificial" que se aventura, tenemos hoy en lo que percibimos como mundo real un retraso considerable en la organización del orden social y político a escala mundial. Las guerras territoriales todavía existen y muchos hombres mueren todos los años peleando por ambiciones humanas de unos cuantos, aunque casi siempre estén disfrazadas por los conceptos de patria, bandera, religión, unidad, soberanía, honor, u otros.

El colonialismo territorial ya no está de moda, y las instituciones mundiales procuran su eliminación total. Sin embargo, el colonialismo económico está de actualidad, y hay otro colonialismo, todavía más dominador, que es el del poder y las influencias para someter las voluntades de las personas y de los países.

La especie humana trata de reproducir las soluciones naturales y mejorarlas, pero todavía usa el poder y las influencias en la misma forma en la que los utilizan los animales. En esto estamos progresando muy poco. Las minorías que dominan siempre defienden sus cuotas de poder y para ello no dudan en hacer uso de la fuerza. Las ideologías suelen acabar siendo simples excusas para llevar al poder a sus predicadores, porque aunque contengan elementos de progreso, nunca se aplican en la realidad de forma desinteresada.

Quien dedique su vida a luchar por la justicia social y el reparto equitativo de la riqueza puede acabar "crucificado", como acaban quienes dedican todo su empeño en denunciar los abusos de los poderosos sin tener una cobertura de poder que les proteja. Aunque cuando existe esta cobertura, el poder mismo neutraliza estas iniciativas si llegan demasiado lejos, porque el poder siempre antepone los intereses de sus "dueños".

Hay sin embargo instituciones como la Iglesia Católica, y de otras confesiones, así como otras instituciones no confesionales, que luchan por la dignidad humana, defienden y aplican principios con voluntad desinteresada. Hacen una importante obra por el bienestar físico y moral de los seres humanos, aunque a veces tengan también flaquezas humanas y se acomoden a la realidad como un poder más. Aunque siempre es preferible, llegado el caso, depender de la discreción de uno de estos poderes que anteponen la dignidad humana, antes que de otros poderes establecidos con intereses mundanos propios.

Las sociedades humanas, aunque no todas, se proponen en principio defender las libertades de las personas, y progresar en justicia social y en la distribución de la riqueza. Consideran que estos objetivos ofrecen los medios materiales más necesarios para que los seres humanos vivan felizmente y tengan un desarrollo intelectual satisfactorio. Tienen la voluntad de educar a las personas, pero esta voluntad está en cierto modo más destinada a adoctrinarlas que a procurar que puedan llegar a pensar por sí mismas. En algunas sociedades humanas tener ideas propias puede incluso ser causa de llegar a ser perseguido por ello.

La especie humana está organizada en centros de poder que no tienen como objetivo principal engrandecer los valores humanos de sus miembros. Pueden mantener un equilibrio de paz y prosperidad en la sociedad, y seguir impulsando con éxito el imponente desarrollo tecnológico actual, y continuar la creación de un mundo artificial que ya nos está rebasando. Sin embargo, vivimos con la contradicción de que este desarrollo tecnológico no supone un enriquecimiento de los valores humanos.

En todo caso, el ritmo de progreso de la especie humana como sociedad, es muy lento en comparación con la evolución rápida de ese desarrollo tecnológico y con el calendario que cabe esperar de la vida humana en la Tierra. No tendremos más remedio que aumentar cada vez más la dependencia de las máquinas "inteligentes" para que sean éstas las que cultiven y guarden nuestro "paraíso" terrenal mientras que siguen vigentes las miserias que tenemos como sociedad.

Nuestra razón de ser

Con la tristeza de contemplar que no conseguimos progresar demasiado de forma colectiva como sociedad humana, tendremos que pensar que nuestra razón de ser hay que contemplarla desde el punto de vista individual de cada persona. Es el progreso individual lo que puede conseguirse en cualquier época o circunstancia.

Cada persona es un proyecto de vida que puede ir creciendo a lo largo de su existencia, pero no se trata de riqueza, poder o fama que son elementos que no tienen valor una vez acabada la existencia material, ya que no son trasplantables a ningún otro escenario. Sin embargo el crecimiento en valores humanos, éticos y morales, son objetivos inmateriales que si una persona alcanza a conseguirlos, puede "llevárselos consigo" al dejar este mundo porque seguirían siendo válidos en un nuevo escenario, si es que el Creador nos hubiera creado con esa finalidad individual y transcendente de cada uno.

Desde luego, la razón de ser de la especie humana parece cada vez más que es individual de cada uno. Estamos "aquí" porque la creación nos situó aquí, y es cuestión de cada uno vivir su vida e interrelacionarse con los congéneres más próximos para que al final de sus días pueda llegar a encontrarse a sí mismo en sintonía con el proyecto "superior" que lo trajo al mundo.

La primera misión es la de entender en qué consiste "todo esto" y cada uno tiene que darse cuenta de cuáles pueden ser las razones de su existencia. La conjetura de que vivimos en un mundo virtual ofrece, como veremos, indicaciones bastante claras de "que se espera" de cada uno de nosotros.

Entretanto vamos a analizar cuál es la visión actual que la Ciencia tiene del Universo y cuáles son los indicios de que nuestro mundo puede ser una realidad virtual.

Visión actual del Universo.

La visión del Universo que hoy en día acepta la Ciencia se asienta sobre tres pilares fundamentales: la Teoría del Big Bang, la Teoría de la Relatividad y la Física Cuántica.

La Teoría del Big Bang expone que el Universo no existió siempre sino que surgió en un punto "como una gran explosión" y por ella se creó el espacio y el tiempo. Parece inconcebible esa creación de "la nada" pero la realidad del Universo observable justifica ese evento inicial y la expansión subsiguiente con el proceso de formación de las galaxias y estrellas.

Los astrofísicos estadounidenses John C. Mather y George F. Smoot ganaron el Premio Nobel de Física en 2006 por sus investigaciones sobre la radiación de fondo de las microondas cósmicas y el origen del Universo. Su descubrimiento confirma la teoría del Big Bang y explica como este evento ha conducido al Universo a ser como es. Su hallazgo fue considerado por Stephen Hawking como "el descubrimiento del siglo, sino de todos los tiempos".

George F. Smot, astrofísico, doctor por el M.I.T. señala que el nombre de Big Bang (gran explosión) dio la idea equivocada a la gente de que el Universo no estaba ahí y explotó, cuando la idea es que el espacio es expandible. Si pensamos hacia atrás, el Universo era más pequeño, denso, caliente y poco a poco se fue extendiendo.

Hoy en día la Teoría del Big Bang está aceptada y nadie relevante la cuestiona, aunque no sea fácil de entender. Es coherente con el hecho comprobado del "desplazamiento hacia el rojo" de las estrellas, que indica que el Universo se expande a la velocidad de la luz desde hace unos 14.000 millones de años y que esta expansión tuvo un origen situado en un punto.

No explica sin embargo qué existía antes del Big Bang, si es que existía algo, ni cuál es la causa de que el tiempo y el espacio aparecieran de repente, ni si igual que surgieron de repente podrían también desaparecer mañana. Aunque la teoría este asumida y comprobada, no es entendible que el Universo pueda haberse creado de la nada cuando nada en nuestro Universo es creado de la nada.

La teoría del Big Bang implica que el Universo es dependiente pero no sabemos de qué ni de quien eventualmente depende.

Otro de los pilares que sustentan la visión científica de la realidad es la Teoría de la Relatividad de Einstein, formulada en 1905 y 1915. Consagra que la velocidad de la luz es constante y que el tiempo y el espacio son relativos y pueden contraerse o dilatarse. Las predicciones de la Teoría de la Relatividad han sido también comprobadas experimentalmente y hoy en día nadie cuestiona sus postulados.

No obstante, la Teoría de la Relatividad incorpora realidades que están contrastadas como válidas pero que resultan difíciles de entender. Una de ellas es que la gravedad de la Tierra ralentiza el tiempo y en consecuencia puede hacerse la comprobación de que un reloj atómico en la terraza de un edificio alto va más rápido que otro que esté en el suelo.

Otro hecho paradójico es que se pueda curvar el espacio, que es para nuestro normal entendimiento un marco de referencia indeformable. Sin embargo está comprobado que la gravedad curva el espacio y se puede detectar que se curvan los rayos de luz al aproximarse al sol.

La velocidad también ralentiza el tiempo, por lo que un reloj atómico en un avión va más lento que uno en Tierra. La famosa paradoja de los gemelos indica que según la Teoría de la Relatividad un hermano gemelo que saliera de la Tierra hacia el espacio, en una nave que llegue a tener una velocidad cercana a la de la luz, podría regresar al cabo de un año a la Tierra y encontrar a su hermano gemelo avejentado con una edad 50 años superior a la suya.

La NASA recientemente pudo comprobar una muestra de cómo afectaban los viajes espaciales de larga duración con los astronautas Mark y Scott Kelly que son gemelos univitelinos. Scott permaneció 340 días, entre 2015 y 2016, en la Estación Espacial Internacional mientras su hermano Mark seguía en la Tierra. Cuando regreso de su viaje espacial era 5 centímetros más alto, lo que entraba dentro de las previsiones iniciales de que la falta de gravedad hiciera que sus discos vertebrales se expandieran. El hallazgo más destacable es que los telómeros del ADN de Scott se alargaron, ya que la longitud de los telómeros, extremos de los cromosomas, está relacionada con la longevidad.

La velocidad también incrementa la masa y a medida que los objetos se mueven más rápido su resistencia a la aceleración aumenta. La velocidad de la luz es absoluta cualquiera que sea la velocidad del foco que la emite.

En cuanto a la Física Cuántica, sus formulaciones también han sido también comprobadas experimentalmente, aunque algunas de sus manifestaciones resultan hoy por hoy un misterio para los científicos, hasta el punto de que algunos de ellos lo consideran como "secreto de familia".

48

La Física Cuántica está llena de misterios de difícil comprensión pero no obstante la realidad muestra que es una teoría sólida muy comprobada. De hecho se estima que en torno al 35% de la economía mundial depende de las fórmulas de la física cuántica.

Para empezar hay que asumir el hecho comprobado de que las partículas de materia y energía son a la vez ondas y corpúsculos, y que los estados de las partículas solo se manifiestan cuando son observadas, lo que se constata con el famoso experimento de la doble rendija.

Si no son observadas las partículas están a la vez en todos sus estados posibles y lo que describe a una partícula en un momento dado es una función de onda (ecuación de Schrödinger).

No se puede conocer a la vez la posición y la trayectoria de una partícula (principio de incertidumbre de Heisenberg), y lo que resulta definitivamente más increíble es que dos partículas puedan estar entrelazadas (*quantum entanglement*) aunque les separe una distancia de millones de años luz.

Todas estas características tan difíciles de asimilar por una mente cartesiana tendrán que tener en algún momento una explicación, y veremos que la conjetura de que podemos estar viviendo una realidad virtual proporciona una explicación coherente a todas estas paradojas, lo cual aunque no constituya elemento probatorio invita a profundizar en la idea.

Indicios de un mundo virtual.

Veremos que hay indicios notables de que nuestro Universo podría ser una realidad virtual, es decir, el producto de un programa procesado por un computador de un "creador" desconocido.

Si llegáramos a descubrir que somos realidad virtual nada de nuestra percepción de la realidad cambiaria, salvo la incertidumbre de quién es ese creador y como actúa. Seríamos avatares de un mundo digital, y el espacio-tiempo, y todas las entidades y eventos de nuestro mundo, surgirían de procesos de información.

La realidad sería mera información y no existiría objetivamente, sino que solo se produciría cuando el computador calcula bajo demanda lo que el usuario decide percibir.

El modelo estándar de la Física Cuántica muestra que la materia y la energía están constituidas en su más bajo nivel de agregación por 17 "partículas" elementales de cuatro tipos, denominados fermiones, bosones, quarks y leptones. Toda la materia y la energía del Universo está por lo tanto "pixelada" en partículas que no pueden dividirse en otras más pequeñas. Lo mismo que sucede en un mundo virtual en el que toda la "realidad" está contenida en un ordenador y por lo tanto está cuantificada y digitalizada también en su más bajo nivel de agregación.

Que las partículas que constituyen la materia y la energía no puedan dividirse en otras más elementales, quiere decir que el Universo es finito y computable. Y si todo puede ser digitalizado y representado con fórmulas matemáticas, todo podría expresarse con un código binario, lo que es compatible con que fuera una simulación.

Un indicio sólido de que la realidad de nuestro mundo podría

50

estar siendo procesada en un ordenador es el hecho de que en el Universo todo está ajustado al milímetro, es decir, todo encaja a la perfección. Existe lo que debe existir y sus medidas y valores son exactamente los justos y necesarios para que el Universo haya tenido éxito.

Con independencia del debate sobre el Principio Antrópico al que antes nos hemos referido, los científicos están de acuerdo en que si faltara alguna fuerza fundamental o si su valor variara una millonésima, el Universo que hoy conocemos habría sido fallido y no se hubiera formado. Por ejemplo, se estima que el Universo no se hubiera formado si tras el Big Bang la velocidad de expansión hubiera sido diferente en una cienmilmillonésima.

Este ajuste tan preciso implica que hay un control central, y la forma de ejercer ese control central es con un ordenador, lógicamente mucho más desarrollado que los que conocemos. Podría argumentarse que con valores y medidas diferentes hubiera surgido un Universo diferente, y de hecho hay científicos que conjeturan que hay múltiples universos, lo que no invalida que nuestro Universo, y quizás los otros, pueda ser virtual.

Una pregunta que cualquier mente lógica puede formular es ¿cómo conoce cada fotón, electrón, quark, y cada astro del espacio, qué tiene que hacer en cada momento? Porque estas piezas del Universo no tienen mecanismos o estructuras que hayamos detectado que permitan elaborar tales decisiones. Parece que los átomos, moléculas...etc., no saben lo que hacen pero a medida que se combinan y acumulan incorporan nuevas propiedades añadidas. Si el mundo que vivimos es una realidad virtual, este misterio desaparece porque hay un control por computador.

El enfoque de que el mundo puede ser una realidad virtual podría iluminar problemas actuales de la física. También podría justificar la existencia de eventos que hoy en día consideramos inexplicables. Si la realidad virtual está programada en un computador, los códigos o programas que se ejecutan podrían incorporar algún que otro error que en un momento determinado todavía no ha sido subsanado. Y si nuestro universo fuera una simulación, podría por tanto contener errores.

Estas deficiencias podrían concretarse en eventos o en materializaciones que no encajan con la lógica de un observador que está integrado en el universo simulado. Esto explicaría las apariciones, los fenómenos paranormales, el avistamiento de ovnis….etc.

Si nuestro Universo es una realidad virtual procesada en un computador, ésta surge "de la nada" al arrancar dicho computador, lo que coincide con la forma en que la teoría del Big Bang propone que surgió nuestro universo.

El hecho de que la velocidad de la luz sea constante y no pueda rebasarse encaja también en la conjetura del mundo virtual, ya que en una realidad virtual la velocidad está limitada por la capacidad de proceso del computador. Si nuestro mundo fuera una simulación, el máximo absoluto de la velocidad de la luz se correspondería con la velocidad máxima de proceso de la información.

Otros hallazgos de la Teoría de la Relatividad son coherentes con el efecto volumen que se produce en un computador cuando una demanda de proceso elevada disminuye el rendimiento. El proceso de la información de un cuerpo masivo ralentizaría la información del espacio-tiempo, causando que el espacio se curve y el tiempo transcurra más lento.

La conjetura de que vivimos una simulación encaja también con el hecho de que la realidad se construye al medirla u observarla. A nivel cuántico la realidad se construye cuando hay un observador consciente, es decir, cuando ocurre una interacción, como muestra el experimento de la doble rendija.

En la conjetura de que vivimos una realidad virtual, nuestra realidad física sería el resultado de un proceso de información que es calculable. Puede ser difícil de asimilar, porque es un desafío a nuestro entendimiento, pero tiene lógica, puede ser estudiada por la Ciencia y no es incompatible con la física. Es más, si el mundo físico fuera una simulación de realidad virtual, las paradojas y misterios que plantea nuestra visión actual del Universo tendrían explicación.

El mundo virtual no es una realidad "física" sino que permite percibir una realidad que es relativa al observador. El hecho de que la realidad sea virtual no implica que sea irreal para sus habitantes. El efecto viene a ser igual que en el caso de que el Universo fuera "físico", porque no existe ningún procedimiento por el que la realidad pueda objetivarse.

Si la conjetura de que vivimos en un universo virtual fuera cierta, sería también cierta la posibilidad de crear otro universo virtual "aguas abajo", claro está disponiendo del computador adecuado. Su creador o cualquier otro observador de su entorno sabrían que el universo que han creado es virtual, sin embargo, para un observador que está dentro del nuevo mundo virtual, los eventos son tan reales como él mismo.

Realidad virtual en sueños.

La realidad virtual que en la actualidad manejamos en los juegos surgió tan solo hace 40 años y hasta entones era algo totalmente desconocido. Sin embargo, no debería resultarnos extraña porque se da la circunstancia de que la "vivimos" a diario de forma natural mientras dormimos. En efecto, todas las noches tenemos episodios de vivir una realidad virtual en los periodos de sueño REM (*rapid eyes movement*) que tienen lugar en cada uno de los ciclos de sueño en el descanso nocturno.

Cada ciclo de sueño viene a durar unos 100 minutos, dependiendo de cada persona y cada edad, durante el cual el sueño discurre en cuatro etapas. La primera etapa tiene lugar al principio y al final y se caracteriza por ser un sueño liviano en el que la actividad muscular se relaja. La segunda etapa es de sueño ligero preparatorio para la tercera etapa en la que el sueño es profundo, resulta ya difícil despertar, proporciona descanso muscular y prepara el cerebro para el sueño REM en la cuarta etapa del ciclo.

El sueño REM dura alrededor de un 25% del ciclo y es un periodo en el que el cerebro bloquea las funciones motrices y estamos profundamente dormidos y no es posible despertarnos por los estímulos habituales. Durante esos periodos del sueño desconectamos de toda actividad que consuma energía y nos dedicamos a "vivir" en el cerebro multitud de experiencias que "percibimos" con los sentidos.

El sueño REM se caracteriza porque movemos los ojos a toda velocidad y posiblemente activemos igualmente otros sentidos, señal inequívoca de que estamos transmitiendo al cerebro imágenes de realidad virtual que son simulaciones inconscientes relacionadas con nuestras vivencias diarias. Son una multiplicidad de vivencias virtuales, que experimentamos inconscientemente, que son mucho más extensas que las que tenemos despiertos. La velocidad con la que movemos los ojos así lo indica.

Estos episodios de vivencias virtuales no los recordamos una vez que recuperamos el estado consciente, porque se trata de un enorme volumen de información que solo tiene su utilidad durante los periodos REM en que se producen, como veremos a continuación. Sin embargo al final de cada "sesión" de este tipo quedan algunos retales residuales de imágenes virtuales que constituyen lo que llamamos sueños. La actividad que usualmente entendemos que es soñar, es simplemente información remanente que en forma aislada nos parece muy paradójica y no entendemos para que sirve.

Algunos psicólogos han pretendido buscar otros significados a la actividad cerebral nocturna basándose en esos recuerdos residuales, lo que es imposible dado que el 99,9% de la actividad nocturna no la recordamos en vigilia. Los sueños que recordamos son "basura" residual, que no tiene ningún valor, aunque Freud, Jung y otros hayan construido con ello un mundo de simbolismos que entretienen y confunden a mucha gente.

Nuestro cerebro opera como un computador que procesa las experiencias vividas durante el día en estado de vigilia. Detecta y examina las actuaciones que hacemos de forma repetitiva para extraer y codificar los datos que encuentra que son básicos. Todo ello para modelizar y programar dichas actuaciones y responder a ellas de forma mecánica e inconsciente, liberando a nuestra actividad consciente de tareas rutinarias y dejando "sitio" para nuevos requerimientos.

El ritmo acelerado que advertimos tenemos en los sueños REM, se debe a que una vez que nuestro cerebro se ocupa de programar una actividad rutinaria, enriquece la información que en estado de vigilia captan nuestros sentidos con multitud de experiencias similares simuladas que "vivimos" durante los sueños REM.

La experiencia de la vida diaria es así complementada con multitud de experiencias similares "fabricadas" por el cerebro, con el fin de encontrar patrones de actuación que puedan servir para mecanizar reacciones, descargar de trabajo al cerebro y aumentar el rendimiento. Lógicamente, los niños, que tienen mayores requerimientos de aprendizaje, duermen durante más horas y tienen periodos REM de mayor duración.

La Mente Inconsciente es como un gabinete de programación que está continuamente detectando las actividades que son programables. Detecta si realizamos una acción repetidamente y comienza a plantear su programación basándose en las experiencias reales complementándolas con actividades similares simuladas.

Nuestra Mente Inconsciente selecciona y codifica los datos esenciales de dichas experiencias e inicia un proceso de modelización con los parámetros que son relevantes, completando el modelo con las ficciones "vividas" en sueños. Es un ejercicio de "*back office*" que modeliza la actividad real y la programa, para que, cuando "certifique" que dicho programa funciona adecuadamente, lo dé de alta en el Cerebro y lo utilicemos de forma casi mecánica sin pensar.

Así, durante la pausa nocturna, además de programar actividades y reflejos automáticos, ponemos a prueba repetidamente cada programa en construcción. Y cuando el Inconsciente considera que es suficientemente válido y puede operar como un reflejo automático que no requiere atención, procede a homologarlo y ponerlo en funcionamiento.

Como adquirimos conocimiento

Es muy importante conocer como los seres humanos, y quizás también los animales, generamos el conocimiento a lo largo de nuestra vida, porque es un proceso con una gran componente de realidad virtual. Examinando este proceso en detalle podemos analizar hasta qué punto es una actividad programable que puede simularse, y en consecuencia hasta que punto podemos nosotros ser parte de una simulación.

La información derivada de las experiencias vividas día a día es la materia prima que utiliza nuestro cerebro para generar conocimiento. Podemos llegar a ser expertos en el oficio de vivir si extraemos de las experiencias las debidas enseñanzas, lo que dependerá de que tengamos la armonía mental necesaria para que el Cerebro trabaje a pleno rendimiento.

El Cerebro, como le sucede a un ordenador, necesita operar con buen rendimiento, evitando que la información que entra por los sentidos y llega a la memoria sin elaborar pueda ser una sobrecarga perturbadora porque se acumula sin que haya tenido tiempo el Cerebro de procesarla.

Una parte importante de la información que generamos con la actividad diaria es filtrada por la Consciencia y se integra como datos que son recuerdos que alimentan el conocimiento. Son piezas de información que se desvanecen con el tiempo y dejan de aportar enseñanza a medida que van alimentando ideas.

El exceso de recuerdos hace más lenta la maduración de las ideas, pero con el olvido liberamos la memoria para poder sembrar nuevos recuerdos. Aunque el olvido prematuro nos hace desperdiciar enseñanzas útiles y produce lagunas de conocimiento. Las experiencias demasiado traumáticas son venenos que corroen el conocimiento. Tenemos que encapsularlas y aparcarlas para evitar que desparramen su perturbador contenido emocional. Es un olvido táctico. De hecho, cuando tienes una experiencia excesivamente traumática, como pueda ser un accidente, tu propia naturaleza "esconde" los detalles más críticos y no eres capaz de recordarlos. Solo con el tiempo pueden ir aflorando a medida que vas avanzando en el proceso de "digerir" la información del accidente.

Hay recuerdos que no llegan a incorporarse a la memoria porque los rechaza la censura interna. Pero también hay sugestiones de otras personas que traspasan nuestra censura y se incorporan a la memoria como si procedieran de experiencias propias.

Llevado al extremo, las sugestiones operan de la misma forma que la hipnosis, proceso por el que pueden inducirte un estado alterado de consciencia en el que admites sin censura lo que el hipnotizador te comunica. En una escala reducida, hay sugestiones que puedes emitir o recibir en tus relaciones con otras personas sin pasar por tus mecanismos de censura.

Como ya hemos indicado, en las pausas nocturnas, durante el sueño, tiene lugar la parte más importante del proceso de digestión de la información derivada de nuestras experiencias. No sabemos muy bien como se produce este fenómeno de digerir la información y destilar conocimiento pero parece que en estructura es la misma forma en la que actúa cualquier equipo de programación. No obstante, puede que la complejidad de esta tarea que hacemos a diario en nuestra Mente Inconsciente, sea excesiva y todavía no dispongamos de ordenadores suficientemente potentes para simularla. Pero ello no querría decir que no fuera programable.

Este proceso es una especie de artificio multiplicador de vivencias en el que incorporamos escenas virtuales de experiencias que no hemos vivido pero entran por los sentidos como si fueran reales. Proporcionan mucha más información que la que procede de nuestras vivencias reales y nos permiten analizar lo que realmente hemos vivido con mucha más amplitud y con mayor celeridad.

Los sueños son una especie de método de simulación. En las etapas REM vives una realidad virtual que visualizas como si fuera real y la captaran tus sentidos. Abres y cierras los ojos a toda velocidad. Suelen ser escenas que no producen reacciones emocionales, aunque algunas sean pesadillas y otras sueños placenteros. Soportamos sin sufrir sueños espeluznantes y tenemos sueños absurdos que "vivimos" como si fueran posibles.

Conservamos los sueños sólo unos instantes y enseguida los olvidamos. Sólo sobreviven algunos muy concretos o repetitivos. Algunos son clásicos, como volar, caer al vacío, pasearnos desnudos....etc.

En los sueños fabricamos multitud de situaciones virtuales ante las que tenemos que reaccionar. Como si utilizáramos un calidoscopio, ponemos a prueba los reflejos automáticos para ensayarlos y validarlos como en un laboratorio. En esta simulación utilizamos los sentidos corporales como vía para incorporar a la memoria estas experiencias ficticias complementarias, por lo que el Cerebro trabaja con ellas como si fueran reales.

La información de nuestras experiencias, incluyendo la información "fabricada" por este juego de realidad virtual, es procesada por nuestro cerebro para extraer de ella conclusiones y criterios. Es un metabolismo que como hemos descrito tiene lugar durante el sueño, cuando los sentidos no están siendo utilizados para captar la

60

información de las actuaciones reales y cuando el cuerpo está en reposo y tiene un consumo mínimo de energía.

Aprovechando la pausa nocturna dedicamos la mayor parte de la energía en que el Cerebro procese la información que tiene en la memoria y está todavía pendiente de aportar conocimiento. Es como si nos pusiéramos las gafas de realidad virtual y entráramos en un mundo ficticio en el que nos manifestamos como un avatar más del escenario.

La destilación de la información derivada de las experiencias es el proceso más importante que tiene nuestro cerebro. Por él se van formando las ideas, valores, principios, ideales, reacciones programadas...etc., y construyendo un modelo de la realidad que es único nuestro.

Una vez contrastados y depurados en la memoria los nuevos programas de acción, a partir de entonces entran en operación bajo el control de nuestra Mente Inconsciente. Igual que cuando en el caso de un ordenador incorporamos un nuevo programa una vez que está debidamente depurado y contrastado que es útil y opera a satisfacción.

En el caso de un ordenador podemos también incorporar un programa nuevo sin haberlo diseñado, importándolo del exterior. Igualmente nuestro cerebro puede enriquecerse, o también perturbarse, con la incorporación de rutinas de actuación que vienen canalizadas desde el exterior.

Pueden ser malos hábitos que conscientemente copiamos e incorporamos como nuestros, pero también podemos incorporarlos sin advertirlo. Se trata, como decíamos, del mecanismo de la sugestión mediante el cual llega a nuestro cerebro información directamente comunicada por otras conciencias sin pasar por el filtro de los sentidos y sus mecanismos de censura.

Un ejemplo del trabajo de aprendizaje a partir del proceso de nuestras experiencias, es el proceso de aprender a conducir un coche. Al principio pones atención y captas detalles de cada pequeño movimiento del volante en relación con el recorrido que sigues con el vehículo.

Por las noches, durante el sueño, revives las experiencias y tomas de forma simulada una misma curva miles de veces, durante los días que sean necesarios, hasta que tu Mente Inconsciente construye con éxito el programa de "tomar una curva" y lo adopta para incorporarlo al conocimiento que tu cerebro aplica de oficio.

A partir de entonces, ya conduces con el "kit" de tomar curvas y lo aplicas de forma automática sin necesidad de poner tanta atención a cada pequeño movimiento como antes hacías, hasta el punto de que en ocasiones, después de recorrer un trayecto, no recuerdas los pormenores de cómo has llegado hasta allí.

Cuando en la etapa nocturna llega un día en que tu Mente Inconsciente valora que ya sabes conducir, a partir de entonces homologas y das por buena una nueva aplicación en el Cerebro que es el programa para conducir un coche. Desde entonces, ya conduces en "automático".

Si tardas demasiado en catalogar el nuevo programa de "cómo conducir un coche", quizás sea porque tu Mente Inconsciente es demasiado exigente y busca la perfección o porque tu Cerebro tiene demasiada sobrecarga para su tarea nocturna, o porque es poco eficiente, o porque no duermes lo suficiente. El resultado puede ser bueno y quizás llegues a ser un buen conductor, pero ha sido a costa consumir demasiada energía y restar tiempo y dedicación a otras tareas.

Si por el contrario tu Mente Inconsciente simplifica demasiado el trabajo, puede ocurrir que des por bueno el procedimiento "automático" de conducir un coche cuando todavía tiene imperfecciones. Por esto podemos observar que hay personas que conducen bien y otras que conducen mal, o no tan bien, y estas últimas lo hacen ya de por vida, salvo que tengan un accidente, en cuyo caso su Mente Inconsciente "reabre el expediente" en la pausa nocturna.

Otro ejemplo es la experiencia de un bebé que alarga su mano para acercarla a un objeto que quiere coger o tocar. Su mano va siguiendo una línea quebrada, controlando si la mueve acercándose al objetivo o por el contario se está alejando y tiene que rectificar. Una vez que ha tenido bastantes experiencias y las ha completado y contrastado durante el sueño, su Mente Inconsciente decide que ya sabe como acercar la mano a un objeto y a partir de entonces la alarga hacia él sin pasos intermedios.

Todos tenemos vestigios de vivencias simuladas durante el sueño, pero los sueños que recordamos son retales muy pequeños de todo lo que acontece durante la simulación. Son, episodios "vividos" en el último momento antes de despertar. Muchas veces son demasiado absurdos, lo que corresponde a vivencias simuladas que son extremas, pues el ejercicio de simulación tiene que contemplar casos extremos.

Los sueños que recuerdas son residuos mínimos que no son representativos de todo el contenido de fabulación nocturna, aunque a partir de Freud muchos psicólogos han tratado de interpretarlos y buscarles un significado.

Los sueños que recuerdas despierto son tan poca cosa que no te aportan nada nuevo. Lo que realmente importa es el grueso de la actividad nocturna de simulación que no recuerdas pero cuyas conclusiones residen y operan en tu Mente Inconsciente.

Dado que en la etapa nocturna tiene lugar la actividad que nutre la base operativa de tu conocimiento, es importante que dediques a esta "actividad" diaria de tu vida un tiempo suficiente. Si duermes bien por las noches y descansas unas siete u ocho horas, estás en principio dedicando un tiempo suficiente a esta actividad y estarás procesando a buen ritmo la información de tus vivencias.

En el caso de los niños, la etapa nocturna tiene que ser bastante más prolongada porque parten de una situación más inicial y en ellos el proceso de adquisición de conocimiento es de mucha mayor importancia.

Las conclusiones y criterios que vayas decantando dependerán de cuan ricas en matices sean tus vivencias y cuan eficiente sea tu Mente Inconsciente en hacer su trabajo. Si no duermes bien ni suficiente en la pausa nocturna, tu memoria contendrá cada vez mas información sin procesar. Lo mismo que si, aun durmiendo muchas horas, la información de tus vivencias es excesiva, confusa o incoherente. Entonces llegará un momento en que empezarás a sufrir demasiado estrés y a tener problemas de ansiedad, y comenzarás a tener una conducta negativa o compulsiva para tratar de buscar una salida a tu situación de ansiedad y nerviosismo.

Esta situación de dormir poco, o durmiendo bien no "digerir" bien la información que se va acumulando en la memoria, conduce a la neurosis. Por esto a una persona que entra en esa situación lo primero que se prescribe es que siga una cura de sueño, natural o inducida, para que vaya despejando su cerebro del exceso de datos que acumula y de la consiguiente confusión generada.

Si no lo consigue y la confusión se va acumulando, el sujeto que lo padece comienza a soñar despierto. Y vive escenas simuladas en vigilia como si estuviera durmiendo en la fase REM, una especie de síndrome esquizofrénico que le conduce a situaciones patológicas de mayor alcance.

Toda esta actividad es muy compleja, pero tiene una estructura que cualquier profesional de la informática que tenga amplia experiencia en hacer programas puede entender que es programable y que puede por lo tanto simularse.

Hay que aclarar que una cosa es hacer programas y otra es utilizar programas hechos por otros. Hoy en día casi nadie hace programas porque se limitan a "bajar" programas ya hechos, estando la complejidad en saber cómo utilizarlos. Es entendible que quienes básicamente son utilizadores de programas entiendan que todo este proceso de aprendizaje no puede programarse en un ordenador. Tienden a considerar que los avatares de un mundo virtual solo van a realizar acciones para las que están previamente programados.

Sin embargo quienes empezamos a utilizar ordenadores desde épocas tempranas cuando comenzaron a existir, y hemos hecho muchos programas en lenguaje ensamblador, tenemos mucho más claro hasta dónde puede llegar la programación. Aquí apuntamos la gran cuestión que tiene que señalarnos si la realidad que vivimos puede ser una realidad simulada, lo que no es otra cosa que la de que puedan programarse avatares que sean inteligentes.

Mente Consciente y Mente Inconsciente

La Mente humana tiene dos formas de operar que son complementarias, el "modo" consciente y el "modo" inconsciente, formas de operar que no son incompatibles sino que pueden operar al mismo tiempo complementándose. No obstante, la Mente Inconsciente está siempre en estado operativo mientras la Mente Consciente se "desconecta" por la noche cuando dormimos y ocasionalmente también en momentos diurnos.

Salvando las distancias, hay una cierta similitud conceptual con la forma en que operan los computadores, pues no en vano tenemos la tendencia irracional a hacer nuestros diseños a imagen y semejanza. El área inconsciente se correspondería con los programas que son plenamente operativos y ejecutan actuaciones "de oficio" según lo que tienen programado, así como con la actividad de desarrollo de nuevos programas que están en construcción y no han pasado aun a ser operativos para enriquecer la utilidad y el rendimiento del sistema. El área consciente se corresponde con la zona "extramuros" en la que se produce la acción y toda la interacción con el entorno.

Si la totalidad de la operación de la Mente, tanto en forma consciente como en su forma inconsciente, tuviera lugar en el cerebro, lo que está todavía por confirmar, podría replicarse en un ordenador. Sería indicio firme de que podría simularse y que el cerebro humano podría integrarse en un mundo de realidad virtual.

Con la Mente Consciente, la persona está viviendo su propia realidad y la del escenario en el que se encuentra y de ella tiene que percibir los detalles de todo lo que ocurre a su alrededor que tiene alguna relevancia y pueda afectarle. La Mente Consciente, en función de cómo se desarrolla su realidad y de cuáles son sus intenciones y sus objetivos y del éxito que alcance, tiene que tomar decisiones, para lo que necesita tener memoria, entendimiento, criterio y voluntad.

Hay situaciones que están muy estructuradas y sobre ellas la persona decide de forma instintiva porque se trata de materias que ya tiene analizadas y programadas en la Mente Inconsciente. Otras, porque son situaciones nuevas o porque todavía no las tiene su mente estudiadas, requieren que la persona aplique los criterios que en cada momento considere más oportunos. El contraste de acierto o error en esas decisiones es materia de análisis tanto para los momentos de consciencia como para el modo inconsciente.

El fenómeno de la Consciencia proporciona un conocimiento subjetivo de la realidad que vive una persona, del entorno en el que vive y de la relación que con dicho entorno tiene. La Mente Consciente hace el "trabajo de campo" y tiene que improvisar continuamente, para lo que necesita saber valorar todo lo que ocurre y considera que le afecta. En función de esta continua evaluación tiene que considerar como resolver los problemas con los que se encuentre y perfilar más sus objetivos y sus intenciones.

La Mente Consciente está como si dijéramos en el "campo de batalla" y tiene que hacer uso continuo de sus criterios, su pensamiento, su inteligencia y sus razonamientos. Tiene que hacer valoraciones y memorizar los hechos más relevantes, y todo ello es una información que será desgranada y analizada en profundidad por la Mente Inconsciente.

La Mente Inconsciente está dedicada a las tareas de "gabinete", examinando continuamente todas las actividades que realiza la persona, para detectar su estructura abstracta, y si de alguna de ellas detecta que la tiene, modelizarla poco a poco y eventualmente llegar a programarla para que ya no sea tarea exclusiva de la consciencia sino que se realice de oficio.

La Mente Inconsciente incluye una "biblioteca" de programas que están operando continuamente aunque la Mente Consciente este ausente de su atención. Incluye principios, valores, reflejos, emociones, intuiciones, hábitos, métodos, instintos y también sugestiones que pueden haber sido incorporados por influencias externas.

Las sugestiones recibidas del exterior, generalmente en situaciones de estados alterados de consciencia como puede ser la hipnosis, no han pasado por el filtro de modelización y programación, y por lo tanto no cuentan con la debida "aprobación" para su aplicación. No obstante son "programas" que la persona obedece sin darse cuenta, salvo que atenten con los principios o valores firmemente establecidos en el área inconsciente, en cuyo caso se desobedecen. Por eso una persona en estado de hipnosis no obedece ordenes de realizar acciones que van en contra de sus principios.

La Mente Inconsciente, aparte de tener en operación los programas de la "biblioteca" a disposición de la interacción que la persona quiera tener con el entorno, está como hemos dicho modelizando nuevas actividades. Para reforzar esa actividad y potenciar el rendimiento, la Mente Inconsciente realiza el proceso de simulación en el sueño REM al que ya nos hemos referido. Lo realiza en el periodo de nocturno de descanso cuando la Mente

Consciente está desconectada.

La Mente Inconsciente también lleva a cabo en el sueño REM la tarea de evaluar cuando los programas de nuevas actividades rutinarias están listos para ponerlos en operación y dejar de trabajar en ellos. Es un trabajo crítico, porque si el cerebro emplea demasiado tiempo y trabajo en homologar los programas, puede acumular demasiado trabajo, aumentar considerablemente el estrés, y deteriorar el rendimiento. Por el contrario, si el cerebro homologa nuevos programas sin haberlos depurado convenientemente, su utilización automática puede ser equivocada y tener consecuencias irreparables.

Aparte de operar la Mente Consciente y la Mente Inconsciente, el Cerebro ejecuta también programas "institucionales" para el mantenimiento del cuerpo y el ejercicio de las funciones corporales siguiendo el mandato "escrito" en el ADN. Es como el sistema operativo de un ordenador, que contiene los programas que la persona necesita para vivir aunque sus relaciones con el entorno sean muy reducidas o incluso inexistentes y no se produzca una actividad que aporte elementos para el aprendizaje. Es notable resaltar los casos de niños perdidos en la selva a edad temprana que al cabo de los años vuelven a la civilización sin saber hablar y con el escaso aprendizaje que hayan elaborado de su convivencia con lobos, primates, u otras especies con las que hubieran convivido.

A propósito de otras especies, sabemos que su cerebro y su inteligencia son inferiores a los del cerebro humano, pero no tenemos constancia de hasta qué punto son conscientes de su realidad. No obstante, lo que parece más probable es que el funcionamiento de su cerebro responda a patrones similares a los del género humano, aunque es obvio que su capacidad es inferior.

El cerebro humano tiene hoy por hoy una capacidad que desborda la de cualquier inteligencia artificial existente y además parece que estamos aún lejos de aproximarnos a ella. Ello a pesar de que hay científicos y personalidades relevantes que opinan que la "singularidad" está cerca y que en un par de décadas la inteligencia artificial superará a la del ser humano.

Sin embargo, todo lo que creemos que hace el cerebro humano parece que puede ser programado también de otra forma, es decir de forma artificial, en los ordenadores basados en el silicio, en otros que eventualmente surjan o en los ordenadores cuánticos que se anuncian ya muy próximos.

La Consciencia es un enigma

La realidad que percibimos es una realidad subjetiva, porque la percepción depende de las disposiciones genéticas de cada uno y es el Cerebro quien construye la realidad. Por lo tanto, no es posible objetivarla.

La neurociencia actual ha llegado a la conclusión de que la realidad exterior es una construcción cerebral que se manifiesta en la Consciencia y no se encuentra fuera de quien la contempla. El Yo, y la realidad exterior son reales para quien las genera. Los olores, gustos, sabores...etc., son atribuciones de la corteza cerebral a los impulsos que llegan de los sentidos.

En principio las cosas no existirían si no hay nadie para percibirlas. Pero que no podamos saber que hay "ahí fuera" no significa que no haya nada y que todo sea una construcción mental nuestra. La realidad está ahí fuera pero nosotros no podemos percibirla como realidad objetiva sino como realidad subjetiva.

Pasar de la actividad neuronal del cerebro a la experiencia consciente es un salto cualitativo que no comprendemos. La diferencia entre estar conscientes o inconscientes es cosa de un instante en el que no parece que nada excepcional ocurra, salvo que se haya producido una circunstancia exterior que nos afecte (ruidos...etc.).

Esa transición entre consciencia e inconsciencia supone pasar de actividad a inactividad, lo que es un cambio importante en lo que hacen las neuronas que hoy por hoy nos es desconocido.

La Consciencia es un estado de la Mente en el que percibimos una realidad que es subjetiva y como indicamos no existe ningún procedimiento que permita objetivarla. Además de ser subjetiva,

71

la Consciencia cambia continuamente porque el pensamiento está siempre cambiando, y tiene intenciones, obviamente también subjetivas, y es selectiva.

Hay una dualidad Mente-Cerebro que no entendemos bien. No sabemos si la Mente Consciente y la Mente Inconsciente están contenidas completamente en el Cerebro o si hay algún otro "agente" que influye desde el exterior. Si es el caso de que toda la "inteligencia" reside en el Cerebro, éste sería como un super-computador que genera consciencia y desarrolla conocimiento con procesos neurobiológicos que metabolizan la experiencia.

Si todo lo genera el Cerebro, la inteligencia residiría solamente en él, y no sería una propiedad esencial de la Consciencia que sea generada en una red neuronal basada en el carbono y situada dentro de un cráneo. Parece evidente que también podría generarse en otros procesadores diferentes que pudieran llegar a existir, por ejemplo basados en el silicio en lugar del carbono, que podrían hacer lo mismo.

El Cerebro pesa unos 1.300 gramos y tiene unos 100.000 millones de neuronas. En un segundo puede procesar unos 200.000 millones de bits. Si llegaran a existir ordenadores equivalentes se llegaría a poder reproducir artificialmente cómo el Cerebro genera conocimiento de la experiencia.

Si la consciencia es un producto del cerebro, se podría llegar a programar en un ordenador un programa como el que el Cerebro utiliza para generar consciencia y desarrollar conocimiento a partir de la experiencia. Se podría entonces llegar a construir un avatar con masa crítica de información suficiente para adquirir consciencia.

Sería un avatar consciente que tomaría decisiones propias sin que hayan sido directamente programadas por un ser humano. Como, según hemos indicado, la consciencia es subjetiva y no existe ningún procedimiento que permita objetivarla, si un avatar tuviera consciencia, tampoco podría objetivarse, igual que sucede con los seres humanos. Tomaría decisiones propias que no hayan sido programadas por un humano.

El debate del mundo virtual y la posibilidad de que pueda haber universos simulados depende completamente de que los avatares puedan desarrollar su inteligencia. Si el Cerebro humano, con toda su complejidad, actúa como un ordenador, por muy sofisticado que sea, tarde o temprano se llegará a disponer de los medios necesarios para "producir" inteligencias no biológicas que permitan situar avatares inteligentes en universos simulados.

Si, por el contrario, el fenómeno de la consciencia, o cualquier otro "engranaje" necesario para el desarrollo del conocimiento, no lo produjera íntegramente el Cerebro sino que fuera aportado externamente, los avatares de simulaciones virtuales necesitarían también esta aportación.

Aquí hay una cierta incertidumbre. No en vano hay proyectos en marcha, como el *Human Brain Project* de la Comunidad Europea, que están trabajando sobre la forma de alojar una mente humana en un ordenador.

El Universo puede simularse

Hoy en día se hacen modelos y simulaciones muy sofisticados en la industria, las universidades, hospitales, centros de investigación…etc. Un ejemplo clásico, que opera desde hace varias décadas, es el de los simuladores de vuelo, que replican la cabina del piloto en tamaño real, controlada por un computador, de forma que la experiencia de un vuelo simulado es como la de un vuelo real. No solo están simuladas las reacciones del avión a los requerimientos del piloto, sino que lógicamente está también simulado el entorno en que interactúa.

Otro ejemplo muy de actualidad es el de los coches autónomos, que se prevé comenzaran a circular de forma generalizada hacia el año 2020. Los principales fabricantes de coches están experimentando sus futuros modelos que ya se anuncian sin volante y sin pedales. Aparte de un importante desarrollo de ingeniería, los coches autónomos operan con un computador que tiene la percepción que necesita tener un conductor, que además es más completa y está exenta de errores, claro está, una vez se haya perfeccionado el sistema. Requiere también la simulación del entorno en el que circula el coche para tener el computador del coche el debido conocimiento del terreno por donde circula, de sus vías y de los otros vehículos que circulan.

Hace tan sólo diez años el coche autónomo era poco más que un sueño, pero hoy es una realidad. Lo mismo sucede con muchos otros ejemplos y las simulaciones son cada vez más complejas en la medida en que aumenta la potencia de los ordenadores.

Y se da la circunstancia de que los superordenadores ya están próximos. Desde hace varias décadas, la potencia de los ordenadores se duplica cada 18 meses (ley de Moore) y en base a ello tenemos un crecimiento exponencial. Pero, además, todo hace prever que va a haber un salto cualitativo, porque estamos cerca de la aparición del ordenador cuántico, que multiplicará la capacidad por miles de millones. De hecho, según la publicación de *New Scientist* del pasado 31 agosto de 2016, Google está ya construyendo un computador cuántico que podría ser realidad a finales de 2017.

Si la ley de Moore continuara duplicando la potencia de los ordenadores cada 18 meses, se estima que un computador que supere al cerebro humano podría tardar varias décadas en estar disponible. Sin embargo con el ordenador cuántico, previsiblemente se producirá un salto cualitativo y ese nivel podría superarse en pocos años.

El computador cuántico comenzará a desarrollarse a partir del prototipo inicial y llevará años dotarle de capacidades muy superiores a los actuales, pero estando basada su arquitectura en el *qubit* y la superposición cuántica, pueden ser potencialmente millones de veces más rápidos que los computadores actuales.

Los juegos actualmente disponibles de realidad virtual tienen ya un realismo que impresiona. Quien haya pensado sobre estas cuestiones que estamos comentando y pruebe uno de estos juegos, se dará cuenta de la profundidad y el recorrido que van a ir adquiriendo y de la fascinación del mundo virtual. Los juegos más modernos de realidad virtual proporcionan un sentido absoluto de presencia. El sentido de que no estás viendo únicamente un mundo virtual diferente, sino que todo tu cuerpo está siendo transportado a él con una sensación increíblemente real.

Los avances de la tecnología de realidad virtual son tan firmes que se está planteando la posibilidad de recrear la dinámica del Universo. Seth Lloyd, profesor de ingeniería mecánica en el Massachusetts Institute of Technology expone en su libro "*Programming the Universe*" la teoría de que el universo es en realidad un ordenador cuántico gigante en el que las interacciones entre las partículas además de energía transmiten también información. Lloyd postula que podríamos recrear el Universo en un ordenador cuántico gigante.

Pero hacer simulaciones de la totalidad del Universo que conocemos no es solo cuestión de tener un ordenador "gigante" con la capacidad de proceso necesaria. Hace falta reproducir en el ordenador todo el proceso inteligente que tiene lugar en la realidad subjetiva que observamos y todo el escenario que conocemos.

No obstante, la capacidad es el elemento crítico principal para reproducir el entorno celeste de estrellas y galaxias con la máxima precisión para la Tierra y el Sistema Solar, la "digitalización" de la materia y la energía y la aplicación de las leyes universales a todas las entidades participantes.

Más crítico será simular la vida en la Tierra y especialmente la vida inteligente. La simulación de la vida en general requiere en el plano fisiológico programar los ciclos de nacimientos y muertes, comenzando por el génesis del ser vivo a partir de la fecundación con toda la dinámica que tiene lugar en su existencia hasta la muerte, incluyendo el papel central que tiene el cerebro de los seres vivos y los resultados que con el tiempo tiene que producir la evolución.

Mayor complejidad tendrá la programación de avatares inteligentes que "funcionen" como lo hace el ser humano, es decir que tengan un cerebro que simule las actividades de la Mente, tanto en su modo consciente como en el inconsciente.

Requiere la simulación de la percepción, de la memorización de información, del establecimiento y la evolución en el tiempo de las intenciones, criterios, conocimiento, valores,...etc., y demás signos de identidad que va cosechando cada persona a lo largo de su vida.

Es decir que el avatar inteligente simulado tiene que ser tener un comportamiento y un crecimiento "personal" tan eficiente como el de una persona de nuestro mundo.

Para simular certeramente un avatar inteligente hace falta profundizar todavía mucho más en el funcionamiento del cerebro humano, especialmente en los métodos que sigue para desarrollar conocimiento a partir de sus experiencias. Ello incluye, en el modo inconsciente de su "mente", la capacidad de abstracción de la realidad que percibe, la detección de las componentes de sus actuaciones que son susceptible de mecanizar y la generación de simulaciones de otras actuaciones complementarias que en periodos como nuestro sueño REM permitan acelerar dichas simulaciones.

Como resultado de este proceso, el avatar inteligente tiene que tener grabado en el "cerebro", a disposición de su Mente Inconsciente, los valores, principios, emociones, métodos, hábitos, instintos, sugestiones, y todos los demás procedimientos que se ponen en marcha y ejecutan de forma automática e inconsciente.

Toda esta simulación de la persona en un avatar inteligente, requiere que la simulación del entorno en el que "vive" esté reproducida con la misma riqueza de elementos y detalles, para que haya un encaje efectivo entre ambas "realidades". Especial dificultad tiene la simulación de las relaciones humanas, de los ámbitos sociales, y de la formación de las bases culturales que se van tejiendo.

Con todo ello, aun suponiendo que todo lo que comentamos pudiera simularse, no sería posible incluir en la simulación la historia pasada de nuestra civilización y su desarrollo hasta la situación actual.

Pero el reto no consiste en tener un "ejemplar" simulado de nuestra vida y nuestra historia, sino en explorar si estamos en condiciones de crear un mundo virtual ex-novo que tenga todos los ingredientes que tiene nuestro mundo y que incluya avatares inteligentes que tengan una vida similar a la nuestra. Y que incluso piensen en estas cosas que nosotros nos planteamos y no sepan que son una creación que hemos hecho en un nivel superior.

Si llegamos a estar en condiciones de crear un mundo virtual similar al nuestro, tendremos la sospecha de que pudiera ser que nuestro universo sea también una realidad virtual. Y parece que el extraordinario avance del desarrollo tecnológico y la multiplicación por miles de millones de la capacidad de los ordenadores que está en el horizonte, muestran que se trata de un futuro asequible.

Cuando se vaya avanzando más en este proceso, cada vez le dedicará mayor atención y esfuerzo el mundo de la ciencia, y a medida en que los nuevos indicios y hallazgos calen más en la sociedad, inevitablemente se revisará la ola creciente de materialismo que envuelve a la cultura humana actual.

Porque en la medida en que la conjetura de que vivimos en un

mundo virtual se va perfilando como posible, va también conso-
lidándose la idea de que hay un creador.

Avatares inteligentes

Raimond Kurzweil, fundador de Kurzweil Technologies, autor de varios libros, entre los que destacan "*The singularity is near*" y "*How to create a mind*", y actual Director de Ingeniería en Google, es uno de los personajes más relevantes del mundo de la inteligencia artificial. Kurzweil cree que en el año 2045 estaremos "subiendo" nuestros cerebros a los ordenadores y que nuestros "frágiles" cuerpos serán reemplazados por máquinas al final del siglo.

Señala que si estas predicciones se hacen realidad, los humanos pueden en teoría llegar a ser inmortales, tener cuerpos no biológicos y crear avatares tan convincentes como los cuerpos reales. Un avatar sentirá como es su cuerpo y como es el entorno y puede ser tan detallado como la realidad que vivimos. Cree Kurzweil que así expandiremos el marco de nuestra realidad.

Pero estas predicciones futuristas no son imprescindibles para componer la idea de que los avatares virtuales puedan tener una vida propia similar a la nuestra. Para esto basta con analizar nuestra propia condición de seres vivos compuestos de células. La célula es una entidad que tiene vida, pero está formada por elementos que no tienen vida, es decir que son materia muerta. Estos elementos, reaccionan según leyes universales para generar a su vez todos los elementos que necesita la célula.

La célula tiene vida: se autorregula, ingiere nutrientes, está protegida del exterior, crece, se desarrolla, reacciona con el ambiente, evoluciona y tiene autonomía. Las células se agrupan para formar tejidos, los tejidos forman órganos, los órganos forman sistemas, y éstos forman un ser vivo siguiendo instrucciones codificadas en el ADN.

Igualmente, un avatar podría componerse y desarrollarse en un entorno simulado con la misma dinámica con que nuestros cuerpos se constituyen de acuerdo con las instrucciones contenidas en nuestro ADN. Requeriría quizás un mayor conocimiento de estas instrucciones, y de cómo se van ejecutando para la formación de células y organismos, lo que permitiría simular como se reproducen los avatares en el mundo virtual. Sería una cuestión más que nada estética, para que los avatares del mundo simulado tengan una continuidad que permita el desarrollo de generaciones.

Los avatares tendrían que tener un cerebro tan potente como el nuestro, que pudiera alimentarse del mismo tipo de percepciones que tenemos los humanos, interactuar con el entorno, aprender de la experiencia, sentir su cuerpo y el entorno, y tener su propia vida, más o menos igual que nosotros.

Para esto hace falta que el "cerebro" del avatar este dotado de un "hardware" suficientemente potente y de un "software" que permita reproducir el proceso inconsciente por el que los humanos metabolizamos la experiencia en la etapa de descanso nocturno. Obviamente, la simulación del entorno en el que los avatares interactúan tendría que tener la misma riqueza de características que tiene nuestro entorno humano.

Todo este desarrollo requiere que se produzca un salto cualitativo en la capacidad de computación, lo que hoy en día parece que es más bien una cuestión de tiempo. Teniendo en cuenta que la realidad virtual comenzó hace solo 40 años y que los computadores nacieron hace seis o siete décadas, no podemos ni siquiera imaginar que ocurrirá dentro de otros 40 años cuando la potencia de los ordenadores se multiplique por miles de millones.

No es aventurado suponer que dentro de 30 años los "avatares" de los sistemas de realidad virtual puedan tener consciencia propia. Procesarían la parte de la "realidad" que estén utilizando, lo mismo que ocurre en la Física Cuántica.

Estaremos entonces en condiciones de crear un universo simulado y nuestros entes simulados podrían disponer del conocimiento y la tecnología que tenemos en nuestro mundo, y puede incluso que alcancen un nivel superior si la inteligencia artificial rebasa a la humana e inicia su propia evolución.

Una civilización virtual creada por los humanos, con un conocimiento igual o superior al nuestro estaría entonces en condiciones de crear simulaciones "aguas abajo" y construir otros universos virtuales. Y si esto puede suceder en el futuro, podríamos estar ya viviendo una simulación hecha por un creador de nivel superior.

El último segundo.

Sabemos que nuestro planeta Tierra tiene unos 3.500 millones de años de existencia pero la especie humana "acaba de llegar". Si desde el Big-Bang hasta ahora comprimiéramos todo el tiempo transcurrido de forma proporcional reduciéndolo a un año, el Big-Bang habría tenido lugar el 1 de enero a las 0 horas y el 2 de septiembre habría nacido el planeta Tierra.

Después, el 30 de septiembre, comenzaría la vida en la Tierra, pero el homo sapiens no surgiría hasta el 31 de diciembre a las 23 horas 54 minutos y 17 segundos.

Más tarde, el homo sapiens inteligente aparecería el mismo 31 de diciembre a las 23 horas, 59 minutos y 3 segundos, cuando solo faltaran 57 segundos para terminar el año.

Estos 57 segundos, comparados con todo un año, muestran la insignificancia de nuestra existencia en el contexto del universo que conocemos. Pero además, estos 57 segundos han transcurrido sin novedades espectaculares hasta que comienza la civilización tecnológica.

Los 150 años que más o menos tiene la civilización tecnológica ocurren en nuestra analogía tan solo en el último segundo del año.

En este "último segundo del año" se suceden grandes desarrollos de la tecnología y la especie humana experimenta un desarrollo exponencial. Aparece la electricidad, las comunicaciones, los motores, la aviación, la energía atómica, la exploración del espacio exterior, los ordenadores, la inteligencia artificial,...etc.

En este "último segundo" hemos enviado sondas espaciales y

detectado la existencia de cerca de 3.500 exoplanetas. Ya hemos puesto el pie en la Luna y estamos preparando misiones a Marte.

Esta extraordinaria aceleración de la civilización tecnológica contrasta con la escasa capacidad de la especie humana para entender cuál es su razón de ser, cuál es el futuro que nos espera y cuál será nuestro destino.

Sentimos que estamos solos en el Universo y que vamos a seguir estando desconectados y, lo que es peor, nos sentimos amenazados y vislumbramos que tarde o temprano la civilización humana en la Tierra tendrá su fin. Desde luego parece que será muy temprano en la escala analógica que hemos utilizado.

Visitas de alienígenas

Es perfectamente explicable que nuestra muy reciente tecnología espacial no hubiera tenido tiempo todavía de detectar otras posibles civilizaciones extraterrestres en nuestra galaxia. Pero resulta altamente sospechoso que los supuestos alienígenas no hubieran advertido que hay vida en la Tierra desde hace más de 3.000 millones de años.

Desde luego, no tiene sentido suponer que todas las posibles civilizaciones hubieran aparecido tan tarde como la nuestra, pues sabemos que existen en el firmamento estrellas de muy diverso proceso de evolución, y de haber vida por "ahí fuera" seguro que podría haberla en todos los periodos y en los más diversos confines de la galaxia.

La inmensidad de tiempo que los supuestos alienígenas han tenido para explorar la Tierra sin dejar muestras evidentes de ello ni mantener en su caso algún nexo de contacto, hace pensar que quizás sea verdad que estamos solos en el Universo.

Hay quienes sostienen que los alienígenas han visitado tiempo atrás la Tierra y dejado algunas muestras de ello, como puedan ser las pirámides de Egipto o las pistas de Nazca en el Perú u otras obras que se nos antojan complicadas de hacer sido obra de civilizaciones nuestras primitivas. Pero se trata de especulaciones poco fundamentadas. La complejidad y sofisticación que se necesita para llegar a la Tierra no casa con lo elemental de las huellas y rastros que supuestamente han dejado.

Por otra parte, no se encuentra explicación al hecho de que los diversos confines del Universo estén tan alejados como para que las civilizaciones que eventualmente los habitaran no pudieran comunicarse nunca. No se entiende un diseño con diversos núcleos de habitantes condenados a que sean inconexos.

De lo que conocemos, más bien parece que la civilización humana en la Tierra es única y no puede desplazarse por el Universo mucho más allá de Marte. Todo lo demás que observan nuestros telescopios y nuestras sondas espaciales parecen ser un decorado que enriquece la puesta en escena de nuestra existencia.

Desde luego, si vivimos en una realidad virtual, una vez resuelta la complejidad de simular vidas humanas, la tarea de simular la "puesta en escena" de un universo inmenso e inaccesible es cosa mucho más sencilla. Sobre todo sabiendo el creador que en su diseño la especie humana está aislada y tiene pocos elementos de juicio para detectar que lo que observa de la profundidad del espacio es pura tramoya.

En el caso de que estuviéramos viviendo una simulación, tendríamos que explorar cuales serían las motivaciones del creador de la realidad virtual para que las cosas que detectamos sean como son o como nos parece que son.

La Mente y el Cerebro

No se conoce si la Mente es un producto del Cerebro o si parte de ella trasciende al Cerebro. Los neurólogos, psicólogos, filósofos,...etc., tienen opiniones diversas que oscilan entre la visión materialista de que el Cerebro lo es todo y la visión espiritualista de que hay un alma o espíritu que es inmaterial y tiene su propia existencia.

La visión puramente materialista está muy extendida, sobre todo en los últimos tiempos, pero tiene poco recorrido. Supone que la mente humana está totalmente contenida en el cerebro y no tiene existencia más allá de él, y desaparece cuando el cerebro muere. Esta visión materialista lleva implícito que la mente del ser humano solo tiene vida y está operativa mientras el cuerpo está vivo.

Esto no encaja bien con el desarrollo que en la civilización tecnológica han tenido los ordenadores, las comunicaciones y la inteligencia artificial. Si hoy en día un ordenador puede tener parte de su memoria y sus programas en la "nube" y puede comunicarse e intercambiar información con otros ordenadores, no tiene sentido que un ordenador mucho más perfecto y avanzado como es el cerebro no pueda hacerlo.

La visión espiritualista supone que la Mente del ser humano no es solo algo que reside únicamente en el cerebro sino que tiene una dimensión que trasciende más allá de la realidad física. Quienes no comparten esta visión tienden a calificarla como creencia, pero hay ya muchas experiencias de que puede haber una existencia más allá de la muerte.

Uno de las personas relevantes más activas en defender esta visión es el científico y doctor Eben Alexander, neurocirujano de Harvard, en cuyo libro 'La Prueba del Cielo', que fue un *best seller* mundial, narra su experiencia cercana a la muerte en una semana en estado de coma aquejado de meningitis bacteriana.

De ser un ateo radical, convencido de que la muerte era el final, pasó Alexander a dar testimonio de que hay vida después de la muerte así como un Cielo y un Creador. Está convencido, después de haber "visitado" otra realidad, que la consciencia no se limita al cuerpo físico. Tras su experiencia quedó convencido que lo que "vivió" no ocurrió en su cerebro o en el universo físico, sino en un campo de realidad completamente distinto.

Hay muchos otros testimonios de experiencias extracorporales y viajes astrales. En la página de la OBERF (*Out of Body Experiences Research Foundation*) pueden consultarse miles de casos. Estas experiencias pueden estar inducidas por traumas, trombos, epilepsia, drogas psicodélicas,....etc., o, como indicábamos antes, por situaciones cercanas a la muerte. También pueden ser inducidas por estimulación eléctrica del cerebro, como es el caso de las experiencias llevadas a cabo por Andra Smith y Claude Messier, de la Universidad de Otawa.

Estas experiencias extracorpóreas son por lo general calificadas como alucinaciones, pero es indiscutible que se trata de escenas de realidad virtual, "vividas" en la Mente y generadas por estímulos naturales o artificiales, en las que una persona puede contemplarse a sí misma desde "el exterior" como si tuviera una situación de consciencia al margen de su cerebro.

Estos testimonios han llamado la atención del mundo científico y están poniendo en duda las bases del materialismo que nunca ha ofrecido una respuesta a la pregunta de cómo el cerebro crea consciencia.

La confrontación entre materialismo y espiritualismo se acentúa cuando se lleva al terreno de las creencias y se conecta con idearios políticos. En la historia de la humanidad, la mayoría de las religiones, especialmente las cristianas, han predicado la existencia del espíritu o alma y su continuidad en el más allá como verdad revelada.

La conjetura de que podemos vivir una realidad virtual encaja muy bien con la idea espiritualista porque hay un creador de dicha realidad virtual y un diseño del mundo que controla. Y si lo controla puede "personarse" en él si lo desea, y puede incluir en su diseño que transciendan a su nivel elementos relevantes del mundo que ha creado.

La Ciencia no se ha pronunciado al respecto porque para empezar bastante tiene con analizar que es la Consciencia, cuando y como se adquiere, y como se pasa de un estado consciente a otro inconsciente y viceversa. Tampoco sabemos si los animales tienen consciencia, aunque parece evidente que alguna forma de *awareness* si que tienen.

Lo que no cabe duda es que si en el mundo de los ordenadores existe el *wifi*, internet, la nube, la comunicación inalámbrica,...etc., en nuestra realidad humana, en la que tenemos máquinas tan perfectas como el Cerebro, también pueden existir. Y más si viviéramos en un mundo virtual controlado por un creador.

La idea materialista, que niega la existencia del Creador y asume que todo termina con la muerte, es en realidad una creencia radical que no admite su discusión. Acepta que el mundo es puramente material y ha aparecido de la nada y está dotado de unas leyes universales que implícitamente asume que son mágicas y nada ni nadie las controla.

La Ciencia, tal como la entendemos, es bastante materialista, y aunque no puede arrojar mucha más luz en esta materia, tendrá que incorporar los nuevos indicios que van apareciendo y los tendrá que analizar e investigar.

Buscando al Creador

Cuando el ser humano comenzó a tener consciencia de su existencia, incorporó a sus ideas el concepto de Dios. El sentimiento que nos produce conocer lo pequeños que somos y lo enorme que es el espacio que nos rodea, conduce nuestro pensamiento a la idea de que hay un Creador de esa inmensidad inalcanzable que nos supera.

Seguimos siempre preguntándonos por la inteligencia superior que trajo la especie humana a este mundo. No llegamos a tener claro si Dios nos hizo a imagen y semejanza suya, o si por el contrario somos nosotros los que estamos "creando" a Dios a imagen y semejanza nuestra. La idea de Dios, o en términos masónicos del "Gran Arquitecto", en cualquiera de sus versiones según las distintas creencias (incluida la atea), es una necesidad existencial y materia permanente de especulación.

Pero en cualquier caso, la propia existencia de la especie humana, y el progreso alcanzado, solo puede explicarse por la intervención de una entidad o unas entidades superiores a la especie humana. Es natural por tanto que los humanos mitifiquemos la idea de Dios asociándola a todos los valores de perfección que conocemos y entendemos.

Los textos sagrados ancestrales, como la Biblia, son compendios de conocimiento y fuente de enseñanza. Ayuda a quienes los examinan a organizar las ideas y construir su escala de valores. Los textos sagrados se han transmitido inalterados durante siglos, y han cubierto con mayor o menor éxito la etapa pre científica. Han sido de utilidad en la época en la que el desarrollo cultural de los seres humanos estaba muy limitado por las dificultades de comunicación.

Poco importa que la Biblia sea un documento revelado o construido por los seres humanos. Lo cierto es que ha sido y es útil, y que su carácter de libro sagrado, legítimo o no, es el elemento que ha defendido su integridad. Para resistir la agresión del paso del tiempo y conservar las esencias, una obra tiene que ser "sagrada" y trascendente, contener valores que puedan perdurar, y estar defendida por mitos o ideales. Los textos sagrados tienen en cualquier caso indudable valor.

Las ideologías y las doctrinas religiosas, presentan, cada una a su manera, la situación de los seres humanos en su habitat natural, y su relación con lo que les supera y lo que les limita, y en cierto modo gobierna, dejando a la vez muy claro que los seres humanos constituyen solamente una parte de una realidad mucho más amplia.

Observando la Naturaleza y los objetos y animales que existen, los seres humanos hemos ido conociendo que hay relaciones y jerarquías que componen un orden natural. Por esto tratamos de ordenar nuestras ideas y valores para poder dar referencia a nuestros actos. Nuestra experiencia de vivir es el caudal de conocimiento que permite ir afinando el orden de nuestras ideas y decantando nuestra escala de valores, con el deseo de poder influir cada vez más en nuestra relación con la Naturaleza. Queremos ser cada vez más eficaces y dominar lo más posible las circunstancias que nos afectan.

Nuestras observaciones nos permiten comprender que hay toda una jerarquía de niveles en la obra de la evolución, y en ella ocupamos una posición intermedia y tenemos un radio de acción limitado. Y podemos incluso imaginar que en niveles de poder superiores al nuestro existan seres y objetos, que siendo superiores a nosotros fueran a su vez eslabones intermedios también limitados en su capacidad de acción como lo estamos nosotros.

Y observando el orden natural no podemos tener nada claro que en la Naturaleza todo tenga que discurrir con armonía y que los seres y objetos que la integran tengan que respetarse unos a otros. Nuestra experiencia nos enseña que la vida es una historia de depredación y de lucha por la existencia y el poder, y que quien tiene poder lo utiliza.

Por esto no podemos separar la idea de jerarquía de la idea de poder, y para nosotros, la posible existencia de seres superiores lleva consigo el hecho de ser seres con más poder que nosotros. De hecho nosotros utilizamos nuestro poder sobre los objetos que dominamos y sobre los animales.

La creencia en la existencia de un orden superior, o de seres superiores, y la obvia consecuencia de que éstos tienen de alguna forma poder sobre la especie humana, es una referencia fundamental que da contenido finalista a nuestras actuaciones.

Los seres humanos buscan constantemente aumentar su poder e influencia y su conocimiento de la Naturaleza. El nuevo conocimiento va sustituyendo a los mitos y los símbolos, y los humanos nos vamos liberando de la angustia e incertidumbre de convivir con hechos y circunstancias inexplicables a las que damos carácter mítico o misterioso. Pero todavía lo desconocido es un universo que nos rebasa.

Encuentro con el Creador

La imposibilidad de tener explicaciones de todo lo que desconocemos nos ha llevado a sustituir las lagunas de conocimiento por creencias y sentimientos. Los seres humanos no renunciamos a tener una idea consistente del mundo que nos rodea, es decir, un modelo de nuestra realidad, pero en este modelo "rellenamos" con creencias nuestra falta de conocimiento.

Por esto, los seres humanos tenemos una vida muy rica en sentimientos, hasta el punto de que nuestras emociones suelen estar por encima de nuestras reflexiones. Nuestra vida es en primer lugar una vida emocional y en todo lo que hacemos procuramos mantener un equilibrio razonable con nuestras emociones, aunque también reflexionemos sobre las consecuencias de nuestros actos.

La historia de los seres humanos es un continuo tejer y destejer de creación y destrucción de mitos y creencias. Inventamos la Astrología para dar razones de cómo influyen en nosotros los astros, y después de observar con instrumentos como se mueven los cuerpos celestes y constatar que siguen trayectorias muy determinadas, destruimos la idea de que tienen poder directo sobre nosotros.

Sustituimos la Astrología por la Astronomía pero abrimos hueco en nuestro modelo de pensamiento, porque la ciencia que nos relata la dinámica de movimiento de los cuerpos celestes no nos dice nada de cómo éstos influyen sobre nosotros. Aumentamos el conocimiento de la realidad, pero se desvanecen nuestros mitos y aumentan también las lagunas en el modelo del mundo que tenemos en la mente. La vida emocional cubre entonces estos

94

huecos sustituyendo mitos y creencias por sentimientos particulares de cada uno, y cobra cada vez más importancia la inteligencia emocional.

La Alquimia daba un contenido espiritual a los fenómenos que abarcaba, pero la Química se limita a formular leyes que justifican los hechos observados. Avanzamos en conocimiento, pero vamos alejando cada vez más nuestras fronteras con lo desconocido y dejando más espacio que cubrir por nuestra inteligencia emocional.

El desarrollo de la Medicina ha sustituido los ritos del curandero por los fármacos y las intervenciones quirúrgicas, pero los médicos siguen reconociendo la importancia de las defensas naturales y la voluntad de sanación del enfermo. Se sigue creyendo bastante en la influencia de la mente en los procesos patológicos y en el carisma personal para poner en marcha el mecanismo de la fe.

Con el conocimiento actual no hay que pensar mucho para comprender que las leyes universales tienen que estar gobernadas por un sistema central de control porque es evidente. Si por ejemplo, la ley de la gravedad tiene que operar siempre allá donde exista una masa, no puede ser a costa de que cada partícula de masa reciba instrucciones específicas de lo que tiene que hacer en cada momento.

En nuestro mundo actual, si tuviéramos que simular algo de este tipo, nos ayudaríamos de un computador que lleve implícito el cumplimiento de esta ley. Este tipo de cosas es precisamente lo que resuelven los computadores, y las leyes del Universo no son una excepción, porque no podemos vislumbrar de que otra forma podrían obtenerse los mismos resultados.

El propio concepto de leyes universales implica que son leyes que operan en todos los casos y confines del Universo. Hemos ido descubriéndolas poco a poco a medida que hemos podido ir constatando los efectos que de forma también universal producen y no cabe ninguna duda de que hay alguna forma de control central.

Lo que no sabemos todavía son las leyes que nos quedan por descubrir. También nos falta todavía "digerir" algunas de las leyes que vamos detectando, como es el caso de la física cuántica, cuyas manifestaciones no acabamos de entender aunque hayamos comprobado experimentalmente sus efectos.

Igual que tratamos de deducir las leyes universales a partir de como se manifiestan en nuestro mundo, también podríamos dirigir nuestra búsqueda a tratar de encontrar quién controla que se apliquen siempre las leyes universales en todos los confines y todas las partículas de materia o energía del Universo. Es el encuentro con el Creador, el entendimiento de quién es, de cuáles son sus motivaciones, y de donde está y que planes de futuro tiene.

Es una búsqueda que las personas que llegan a un cierto nivel de conocimiento siempre tratan de llevar a cabo de una u otra forma. Se trata de ir al encuentro de la gran luz que "alumbra" el Universo y de toda su doctrina. Ha sido y es el objetivo que plantean las religiones, especialmente las religiones cristianas, e incluso las organizaciones masónicas.

En un futuro, quizás no muy lejano, dispondremos de ordenadores millones de veces más potentes que los actuales y estaremos en condiciones de simular un universo similar al universo en el que ahora vivimos. Este mundo potencial sería un entorno de realidad virtual habitado por avatares inteligentes conscientes, con su sentimiento, su pensamiento y sus valores.

Este universo virtual simulado tendría leyes universales, similares a las de nuestro universo "físico", y sus habitantes se plantearían el mismo tipo de preguntas e inquietudes que nosotros nos planteamos en nuestro mundo. Pensarían que hay unas leyes universales, un control central, y un creador. Y dentro de sus limitaciones, que serían similares a las nuestras, profundizarían cada vez más en la búsqueda del misterio de la creación.

En este universo simulado virtual que podremos crear en el futuro, podríamos plantear como "mandato universal" que los avatares inteligentes que lo pueblen puedan desarrollar su conocimiento de forma similar a como lo hacemos los humanos en nuestro "mundo real". Los avatares inteligentes irían ampliando su conocimiento y desarrollando su escala de valores, y tratarían de detectar quien los creó y cuál es el proyecto del que forman parte.

En este universo virtual simulado, quizás no sería posible que un avatar que es virtual, por muy inteligente que sea, pueda llegar a "salirse" de su mundo y percibir una realidad de nivel superior como sería en este caso la nuestra. Sin embargo, el proceso de búsqueda de su creador puede ser para él el gran misterio de su existencia y el mayor empeño por el que movilizarse. Sería un impulso innato, una especie de mandato del que no fuera consciente, derivado de la razón de ser por la que fue creado, que no es otra cosa que trasladar a ese mundo simulado las mismas inquietudes y los mismos propósitos de progreso que tenemos los humanos.

Este universo virtual podría parecerse mucho a nuestro Universo, en el que todo parece encaminado a que nos planteemos las virtudes que nos conduzcan a la búsqueda y encuentro con el Creador. Las religiones y todas sus doctrinas, al menos las religiones cristianas, plantean como empeño principal del ser humano buscar y "encontrar" a Dios.

La religión católica plantea para esta búsqueda el cumplimiento de las virtudes teologales y las virtudes cardinales, y una visión atea del mismo propósito de búsqueda tendría una descripción equivalente con otras palabras. Se trata del fenómeno de la fe que es el enfoque que ilumina la vida y proporciona paz y felicidad, siguiendo principios éticos y morales que fortalecen la actividad mental y reducen al mínimo el estrés que el curso de la vida va acumulando en el cerebro.

La "búsqueda" del Creador viene a ser encontrar el camino de la verdad, de la consagración de valores humanos, éticos y morales, de paz, felicidad, empatía, honestidad, compasión, amor, bondad, humildad, perdón, sencillez, respeto,....etc., valores que proporcionan tranquilidad de espíritu y sosiego, porque tratando de llegar tan alto estás poniéndote una meta que tiene una prioridad muy superior a las que te planteas en tus actividades mundanas.

Situar el perfeccionamiento de la escala de valores, la ética y la moral, en un plano superior a otras preocupaciones mundanas reduce considerablemente el estrés del cerebro, porque muchos de los deterioros físicos se deben a ello, bien porque el cerebro trabaja con un rendimiento insuficiente, o porque la actividad inconsciente es excesiva, lo que se traduce en tensiones patológicas e incluso deterioros de salud.

Tener un objetivo de largo alcance es una buena forma de canalizar la actividad diaria en una dirección que consideras trascendente. Es una fuente de energía positiva y de alto rendimiento en el funcionamiento del cerebro a condición de que el objetivo sea de calidad como lo es la búsqueda de la verdad y tratar de "encontrar" al Creador.

Si como decíamos, fuéramos capaces de crear un universo virtual similar al nuestro, tendría mucho sentido que lo creáramos poniendo como objetivo superior a los avatares de ese mundo virtual la búsqueda del creador, es decir, el empeño en averiguar si el mundo en el que viven es real o se trata de un universo virtual.

Este enfoque proporciona un contenido trascendente a las actividades, y si un avatar desarrolla su inteligencia lo suficiente como para llegar a confirmar que vive en un mundo virtual es como si ganara el derecho a participar en el mundo del Creador. La fe es el mecanismo que puede llevar al avatar hasta ese punto.

Si aplicamos este mismo proceso a nuestro mundo, seríamos la obra de un Creador que nos da el mandato de tener fe en él y llevar una vida que nos conduzca hasta él. Entonces tiene sentido que quien alcance a "encontrar" al Creador, pueda integrarse en su mundo y tener una vida sobrenatural en el "más allá".

Si consigue llegar a "encontrarlo" habrá enfocado su vida en libertad siguiendo el mandato con el que fue creado, y una vez cumplida su misión habrá ganado el derecho a trascender al mundo superior de su creador.

La vida en el más allá.

El día que nuestra civilización sea capaz de crear un mundo virtual similar al que habitamos, previsiblemente será también capaz de "personar" en él personas concretas con toda la programación de su cerebro. La simulación del cerebro humano en un ordenador es hoy en día un proyecto que está siendo desarrollado en la Comunidad Europea (*Human brain project*), en la Escuela Politécnica de Lausana (*Blue brain project*) y en otros centros, y puede que en una o dos décadas proporcione algunos frutos.

La particularidad de que un avatar inteligente de un mundo virtual consiga trascender al más allá equivale a una cierta forma de selección. Creando un mundo virtual en el que crecen y se multiplican avatares inteligentes con objetivos concretos, podríamos disponer que los "ganadores" puedan acceder a integrarse en el mundo de nivel superior que lo ha creado. Solo los que cumplen con el mandato fundacional tendrían vida "más allá", mientras que el resto ni siquiera pueden confirmar que el más allá existe. En unas cuantas décadas un proceso de selección como este podría llegar a ser un procedimiento normal en nuestro mundo.

Y si esto pudiera llegar a suceder en nuestro mundo, cabe preguntarnos si no estamos nosotros pasando una prueba similar para ser aceptados en el "Paraíso". Si en el futuro los humanos estamos en condiciones de programar un mundo virtual que sea una simulación del que habitamos, parece lógico que utilicemos la posibilidad de "personarnos" en dicho mundo para dar guía, valores y principios a los avatares inteligentes del mundo virtual.

Sería una conveniencia, y quizás una necesidad, para inculcar al máximo nivel en sus mentes la búsqueda de la verdad. Viene a ser una intervención para "sembrar" la semilla de la fe para que cada habitante del nuevo mundo pueda progresar y desarrollar su consciencia en libertad y armonía "buscando" a su creador.

La conjetura de que vivimos en una realidad virtual, además de tener su lógica y de ser compatible con la Ciencia, encaja bastante bien con estos supuestos procesos. Concuerda bastante con la mística de la fe y de la vida cristiana, orientada convenientemente tras la llegada de Jesucristo a nuestro mundo, revelando la doctrina de Dios y mostrando el camino a seguir en la vida para "encontrarlo" y acceder al Paraíso en el más allá.

Epílogo

Hay muchos indicios de que podríamos ser mera información y estar viviendo en un mundo virtual gobernado por un control operativo central.

La conjetura del mundo virtual tiene su lógica y es compatible con la Ciencia. Sin embargo, es posible que nunca llegue a demostrarse ni en uno ni en otro sentido.

Es decir, que lo más probable es que nunca pueda llegar a descartarse que vivimos en un mundo virtual, ni tampoco llegar a "descubrir" que nuestro mundo es virtual. Quizás esto forme parte de la voluntad del Creador y así lo dispuso como elemento necesario para el buen fin del proyecto.

La dificultad para demostrar la conjetura del mundo virtual lleva inevitablemente a que la sociedad la califique más bien como una creencia, lo que plantea a cada persona de forma individual el reto de intuir "de que va todo esto" y tener fe en encontrar el camino que le acerca a la voluntad del Creador.

La conjetura de que vivimos en un mundo virtual será en el futuro seguramente objeto de mucha consideración por parte de la Ciencia y también objeto de mucha controversia. Es bastante compatible con la idea de que tiene que haber un "creador", y sintoniza con las ideas de fondo de las religiones, incluso con el "más allá".

Abre también el debate sobre la inmortalidad.

www.ingramcontent.com/pod-product-compliance
Lightning Source LLC
Chambersburg PA
CBHW061148180526
45170CB00002B/667